Harald Stieber

Existenz semiuniverseller Deformationen in der komplexen Analysis

D1670015

Aspects of Mathematics
Aspekte der Mathematik

Herausgeber: Klas Diederich

Vol. E1: G. Hector/U. Hirsch, Introduction to the Geometry of Foliations, Part A

Vol. E2: M. Knebusch/M. Kolster, Wittrings

Vol. E3: G. Hector/U. Hirsch, Introduction to the Geometry of Foliations, Part B

Vol. E4: M. Laska, Elliptic Curves over Number Fields with Prescribed Reduction Type

Vol. E5: P. Stiller, Automorphic Forms and the Picard Number of an Elliptic Surface

Vol. E6: G. Faltings/G. Wüstholz et al., Rational Points
(A Publication of the Max-Planck-Institut für Mathematik, Bonn)

Vol. E7: W. Stoll, Value Distribution Theory for Meromorphic Maps

Vol. E8: W. von Wahl, The Equations of Navier-Stokes and Abstract Parabolic Equations

Vol. E9: A. Howard/P.-M. Wong (Eds.), Contributions to Several Complex Variables

Vol. E10: A. J. Tromba, Seminar on New Results in Nonlinear Partial Differential Equations
(A Publication of the Max-Planck-Institut für Mathematik, Bonn)

Vol. E11: M. Yoshida, Fuchsian Differential Equations
(A Publication of the Max-Planck-Institut für Mathematik, Bonn)

Band D1: H. Kraft, Geometrische Methoden in der Invariantentheorie

Band D2: J. Bingener, Lokale Modulräume in der analytischen Geometrie 1

Band D3: J. Bingener, Lokale Modulräume in der analytischen Geometrie 2

Band D4: G. Barthel/F. Hirzebruch/T. Höfer, Geradenkonfigurationen und Algebraische Flächen
(Eine Veröffentlichung des Max-Planck-Instituts für Mathematik, Bonn)

Band D5: H. Stieber, Existenz semiuniverseller Deformationen in der komplexen Analysis

Harald Stieber

Existenz semiuniverseller Deformationen in der komplexen Analysis

Friedr. Vieweg & Sohn Braunschweig / Wiesbaden

Dr. *Harald Stieber* ist akademischer Rat an der Fakultät für Mathematik der Universität Regensburg

AMS Subject Classification: 32 G xx, 32 G 05, 32 G 10, 32 G 11, 32 G 13, 32 K 05.

Der Verlag Vieweg ist ein Unternehmen der Verlagsgruppe Bertelsmann.

Alle Rechte vorbehalten
© Friedr. Vieweg & Sohn Verlagsgesellschaft mbH, Braunschweig 1988

Das Werk einschließlich aller seiner Teile ist urheberrechtlich geschützt. Jede Verwertung außerhalb der engen Grenzen des Urheberrechtsgesetzes ist ohne Zustimmung des Verlags unzulässig und strafbar. Das gilt insbesondere für Vervielfältigungen, Übersetzungen, Mikroverfilmungen und die Einspeicherung und Verarbeitung in elektronischen Systemen.

Druck und buchbinderische Verarbeitung: Lengericher Handelsdruckerei, Lengerich
Printed in Germany

ISSN 0179-2148

ISBN 3-528-06320-3

Inhaltsverzeichnis

Einleitung

Jede komplexe Mannigfaltigkeit ist auf natürliche Weise eine differenzierbare Mannigfaltigkeit. Sei umgekehrt M eine differenzierbare Mannigfaltigkeit. Es erhebt sich die Frage, ob auf M eine komplexe Struktur existiert. Falls dies der Fall ist, besteht das nächste Problem darin, eine Übersicht über "alle" komplexen Strukturen auf M zu gewinnen. Sei $\Sigma(M) :=$ Menge der Äquivalenzklassen von komplexen Strukturen auf $M \simeq$ Menge der zu M diffeomorphen, komplexen Mannigfaltigkeiten/biholomorphe Äquivalenz.

Das Modulproblem, das seinen Ursprung in der Arbeit [67] von B. Riemann hat, besteht darin, auf $\Sigma(M)$ eine "natürliche" komplexe Struktur einzuführen.

Beispiel 1. Im Falle, daß $M = \mathbb{C}$ ist, besteht $\Sigma(M)$ aus zwei Punkten, falls $M = \mathbb{P}^1$ ist, besteht $\Sigma(M)$ nur aus einem Punkt (Riemannscher Abbildungssatz).

Beispiel 2. Sei $\omega \in \mathbb{C}$ mit $\operatorname{Im} \omega > 0$ und $G_\omega := \{m\omega + n \mid m,n \in \mathbb{Z}\}$. Dann ist $T_\omega := \mathbb{C}/G_\omega$ ein Torus. Zwei Tori $T_{\omega'}$ und T_ω sind genau dann biholomorph zueinander, wenn ganze Zahlen a,b,c,d mit $ad - bc = 1$ existieren, so daß

$$\omega' = \frac{a\omega + b}{c\omega + d}$$

ist. Jeder Torus hat also einen Repräsentanten T_ω mit $\omega \in \Gamma := \{\alpha \in \mathbb{C} \mid \operatorname{Im} \alpha > 0 \, , \, |\operatorname{Re} \alpha| \leq \frac{1}{2}, \, |\alpha| \geq 1\}$.

Identifiziert man entsprechende Punkte in Γ , so kann man zeigen, daß für jeden Torus T gilt

$$\Sigma(T) \simeq \mathbb{C} .$$

Man vergleiche dazu [39], Example 2.14.

Beispiel 3. Satz (Riemann, Teichmüller, Rauch, Ahlfors, Bers). Sei M eine Riemannsche Fläche vom Geschlecht $g \geq 2$. Dann kann man $\Sigma(M)$ mit der Struktur eines komplexen Raumes der Dimension $3g - 3$ versehen (vgl. z.B. [22], [34]).

Beispiel 4. Falls $M = S^{2k}$, $k \in \mathbb{N} \setminus \{0,1,3\}$ eine differenzierbare Sphäre ist, gilt nach einem Satz von Bott $\Sigma(M) = \emptyset$ (vgl. [74], Th. 13.4)

Problem 1. Ungelöst ist die Frage, ob auf S^6 eine komplexe Struktur existiert.

Problem 2. Besteht $\Sigma(\mathbb{P}^n)$, $n \geq 2$ nur aus einem Punkt? Für $n = 2$ wurde dies von Yau ([80]) bewiesen. Th. Peternell konnte in [60] zeigen, daß jede 3-dimensionale Moišezon-Mannigfaltigkeit, die homöomorph zu $\mathbb{P}^3$ ist, biholomorph zu $\mathbb{P}^3$ ist (eine n-dimensionale kompakte komplexe Mannigfaltigkeit heißt Moišezon-Mannigfaltigkeit, wenn n algebraisch unabhängige meromorphe Funktionen auf ihr existieren).

Das Modulproblem für Mannigfaltigkeiten der Dimension ≥ 2 wurde erstmals von M. Noether in [55] behandelt. Er betrachtete gewisse algebraische Flächen. Wie das Beispiel 5) weiter unten zeigt, kann man jedoch in Dimension ≥ 2 im allgemeinen keine natürliche komplexe Struktur auf $\Sigma(M)$ einführen.

<u>Definition.</u> Eine Familie kompakter komplexer Mannigfaltigkeiten ist eine eigentliche holomorphe Abbildung $\pi: M \to T$ zwischen komplexen Mannigfaltigkeiten, so daß der Rang der Jacobimatrix von π in jedem Punkt gleich $\dim_{\mathbb{C}} T$ ist.

Sei $\pi: M \to T$ eine Familie kompakter komplexer Mannigfaltigkeiten. Ist T zusammenhängend, so kann man zeigen, daß die Fasern $M_t := \pi^{-1}(t)$, $t \in T$ alle diffeomorph zueinander sind (vgl. [39], §2.3). Man hat also eine Abbildung $T \to \Sigma(M_{t_o})$, $t \mapsto [M_t]$. Von der "natürlichen" Topologie auf $\Sigma(M_{t_o})$ wird man selbstverständlich erwarten, daß diese Abbildung stetig ist.

<u>Beispiel 5.</u> Sei $W := \mathbb{C}^2 \setminus \{0\}$, $\alpha \in \mathbb{C}$, $0 < |\alpha| < 1$ und $g: W \times \mathbb{C} \to W \times \mathbb{C}$ definiert durch

$$(z_1, z_2, t) \mapsto (\alpha z_1 + t z_2 \, , \, \alpha z_2, t) \; .$$

Sei G die von g erzeugte zyklische Gruppe. Da G eigentlich diskontinuierlich und fixpunktfrei auf $W \times \mathbb{C}$ operiert ist $M := W \times \mathbb{C}/G$ eine kompakte komplexe Mannigfaltigkeit. Sei $\pi: M \to \mathbb{C}$ die von $pr_2: W \times \mathbb{C} \to \mathbb{C}$ induzierte Abbildung. Da der Rang der Jacobimatrix von π maximal ist, erhält man also eine Familie $M_t := \pi^{-1}(t)$, $t \in \mathbb{C}$ von kompakten komplexen Mannigfaltigkeiten. Die Fasern M_t sind alle diffeomorph zu $S^1 \times S^3$ (Hopfsche Flächen). Sei $t \in \mathbb{C}\setminus\{0\}$. Mit Hilfe der Koordinatentransformation $(z_1,z_2)\mapsto(z_1/t,z_2)$ und der Gleichung

$$\begin{pmatrix} t & 0 \\ 0 & 1 \end{pmatrix}\begin{pmatrix} \alpha & 1 \\ 0 & \alpha \end{pmatrix}\begin{pmatrix} 1/t & 0 \\ 0 & 1 \end{pmatrix} = \begin{pmatrix} \alpha & t \\ 0 & \alpha \end{pmatrix},$$

sieht man, daß $M_1 \simeq M_t$ ist. Man kann außerdem zeigen, daß auf M_t zwei linear unabhängige Vektorfelder existieren. Auf M_0 jedoch existieren vier linear unabhängige Vektorfelder (vgl. [39], §2.3). Also gilt $M_t \not\simeq M_0$ für alle $t \in \mathbb{C}\setminus\{0\}$. Damit folgt, daß $\Sigma(M_0)$ nicht hausdorffsch ist. Die Struktur springt in 0. Ein analoges Phänomen tritt auch in Beispiel 10) weiter unten (Hirzebruchsche Mannigfaltigkeiten) auf.

Definition. (Kodaira-Spencer). Sei M_0 eine kompakte komplexe Mannigfaltigkeit. Eine Deformation von M_0 ist ein Tripel (S,M,τ), wobei $S = (S,0)$ der Keim einer komplexen Mannigfaltigkeit, $M \to S$ eine Familie kompakter komplexer Mannigfaltigkeiten und $\tau: M_0 \to M(0)$ ein Isomorphismus ist.

Definition. a) Ein Morphismus zwischen zwei Deformationen $a = (S,M,\tau)$ und $b = (T,N,\mu)$ von M_0 ist ein Paar $(\tilde{f},f)$, so daß das Diagramm

$$\begin{array}{ccc} & M_0 & \\ {\scriptstyle\tau}\swarrow & & \searrow{\scriptstyle\mu} \\ M & \xrightarrow{\tilde{f}} & N \\ \downarrow & & \downarrow \\ (S,0) & \xrightarrow{f} & (T,0) \end{array}$$

kommutiert und das Rechteck kartesisch ist.

b) Eine Deformation $a = (S,M,\tau)$ von M_o heißt vollständig, wenn zu jeder weiteren Deformation $b = (T,N,\mu)$ von M_o ein Morphismus $(\tilde{f},f):b\to a$ existiert. Ist dabei $T_o f$ eindeutig bestimmt, so heißt a vollständig und effektiv. Ist f eindeutig bestimmt, so heißt **S** lokaler Modulraum von M_o .

Beispiel 6. Sei $S:= \{s\in GL(2,\mathbb{C}) \mid$ alle Eigenwerte von s haben Betrag $<1\}$, $W:= \mathbb{C}^2\setminus\{0\}$, $F:W\times S \to W\times S$ definiert durch $F(x,s):= (sx,s)$ und G die von F erzeugte zyklische Gruppe von Automorphismen. Diese Gruppe operiert eigentlich diskontinuierlich und ohne Fixpunkte. Sei $\mathcal{X}:= W\times S/G$. Man erhält eine Familie $p: \mathcal{X} \to S$. Man kann zeigen, daß dadurch eine vollständige und effektive Deformation der Hopfschen Fläche M_o aus Beispiel 5) gegeben wird (vgl. [42], Kap. 15 und [79]) .

In einer vollständigen und effektiven Deformation $\pi: M \to S$ von M_o besitzen alle Punkte aus $\Sigma(M_o)$ in der Nähe von $[M_o]$ einen Repräsentanten. Jedoch können, wie obiges Beispiel zeigt, manche davon mehrfach auftreten. Kodaira, Nirenberg und Spencer konnten in [41] den folgenden Satz beweisen:

Satz. Sei M_o eine kompakte komplexe Mannigfaltigkeit und θ die Garbe der Keime von holomorphen Vektorfeldern auf M_o. Es gelte $H^2(M_o,\theta) = 0$. Dann besitzt M_o eine vollständige und effektive Deformation.

Will man die Bedingung $H^2(M_o,\theta) = 0$ weglassen, so muß man auch Deformationen über komplexen Raumkeimen (d.h. mit Singularitäten) zulassen.

Definition. Sei M_o eine kompakte komplexe Mannigfaltigkeit. Eine Deformation von M_o ist ein Tripel (S,M,τ), wobei $S = (S,0)$ ein komplexer Raumkeim, M ein komplexer Raum, $\pi: M \to S$ eine eigentliche holomorphe Abbildung und $\tau: M_o \tilde{\to} M(0)$ ein Isomorphismus ist, so daß für alle $x \in M$ eine offene Umgebung $U \subset M$ von x, eine offene Teilmenge $V \subset \mathbb{C}^n$ und ein Isomorphismus $\varphi: U \tilde{\to} V \times S$ mit $pr_S \circ \varphi = \pi|U$ existiert.

Bemerkung. 1) Der letzte Teil in obiger Definition ist, da die Fasern von $\pi: M \to S$ Mannigfaltigkeiten sind, äquivalent zur Plattheit von π (vgl. [23], 3.21).
2) Wie oben kann man zeigen, daß in einer Deformation (S,M,τ) von M_o alle Fasern $M(s)$, $s \in S$ nahe 0 diffeomorph sind (vgl. [48]).

Sei jetzt speziell $S := D := (\{0\}, \mathcal{O}_{\mathbb{C}}/(t^2))$ der Doppelpunkt. Mit $Ex^1(M_o)$ wird die Menge der Äquivalenzklassen von Deformationen über D bezeichnet. Sei $\pi: M \to D$ eine Deformation von M_o. Dann existiert eine Familie $(\varphi_\alpha: U_\alpha \to V_\alpha \times D)_{\alpha\in\Lambda}$ von Isomorphismen, wobei die U_α offene Teilmengen von M und die V_α offene Teilmengen von $\mathbb{C}^n$ sind, so daß $\pi|U_\alpha = pr_D \circ \varphi_\alpha$ gilt und die Vereinigung der

U_α M_o umfaßt. Für $\alpha,\beta \in \Lambda$ mit $U_\alpha \cap U_\beta \neq \emptyset$ sei $\varphi_{\alpha\beta} := \varphi_\alpha \circ \varphi_\beta^{-1} \mid \varphi_\beta(U_\alpha \cap U_\beta)$. Mit $z_\beta = (z_\beta^1,\ldots,z_\beta^n)$ bzw. t werden die Koordinaten in V_β bzw. $\mathbb{C}$ bezeichnet. Die Abbildung $\varphi_{\alpha\beta}$ ist dann von der Form

$$\varphi_{\alpha\beta}(z_\beta,t) = (f^1_{\alpha\beta}(z_\beta,t),\ldots,f^n_{\alpha\beta}(z_\beta,t);t) \in V_\alpha \times \mathbb{C}$$

Man überlegt sich leicht, daß durch

$$\theta_{\alpha\beta} := \sum_{k=1}^{n} \frac{\partial f^k_{\alpha\beta}}{\partial t} \cdot \frac{\partial}{\partial z^k_\beta}$$

ein Element aus $H^1(M_o,\theta)$ definiert wird.

Somit erhält man eine Abbildung

$$Ex^1(M_o) \to H^1(M_o,\theta) .$$

Diese ist ein Isomorphismus (vgl. [39], § 4.2.)

<u>Satz</u> (Kuranishi, [47]). Jede kompakte komplexe Mannigfaltigkeit besitzt eine vollständige und effektive Deformation.

Man kann zeigen, daß die Basis S einer vollständigen und effektiven Deformation von der Gestalt $S = f^{-1}(O)$ für geeignetes $f: H^1(M_o,\theta) \to H^2(M_o,\theta)$ ist. Daraus ergibt sich insbesondere, daß S der Keim einer Mannigfaltigkeit ist, falls $H^2(M_o,\theta)=0$ ist, d.h. der Satz von Kodaira-Nirenberg-Spencer.

<u>Bemerkungen.</u> 1) Sei $M \to S$ eine vollständige und effektive Deformation der kompakten komplexen Mannigfaltigkeit M_o .

Man sieht leicht, daß der Tangentialraum von S im ausgezeichneten Punkt gerade $Ex^1(M_o) \simeq H^1(M_o,\theta)$ ist (ein Element des Tangentialraumes wird gegeben durch einen Morphismus $D \to S$ von Raumkeimen).

2) Zu jeder Deformation $\pi: N \to R$ von M_o hat man eine Abbildung $\rho_\pi: T_oR \to Ex^1(M_o) \simeq H^1(M_o,\theta)$, gegeben durch $(f: D \to R) \to [f^*N]$ (Kodaira-Spencer-Abbildung). Für $\pi = pr_R: M_o \times R \to R$ gilt $\rho_\pi = 0$.

3) Die Deformation $\pi: M \to S$ ist genau dann vollständig und effektiv, wenn $\pi: M \to S$ vollständig und die Kodaira-Spencer - Abbildung $\rho_\pi: T_oS \to Ex^1(M_o)$ injektiv ist (dies war die ursprüngliche Definition von Kodaira-Spencer).

4) Ist $H^1(M_o,\theta) = 0$, so ist $M_o \to \{0\}$ eine vollständige Deformation. Daraus folgt: Ist $M \to S$ eine beliebige Deformation von M_o, so ist $M \to S$ äquivalent zu $pr_2: M_o \times S \to S$, das heißt es existiert in der Nähe der vorgegebenen komplexen Struktur auf M_o keine weitere. Man sagt, M_o ist starr.

Beispiel 7. Da $H^1(\mathbb{P}^n,\theta) = 0$ ist (vgl. [4]), ist $\mathbb{P}^n$ starr. In der Nähe der üblichen komplexen Struktur auf $\mathbb{P}^n$ existieren also keine weiteren (vgl. Problem 2)).

Beispiel 8. $\mathbb{P}^1 \times \mathbb{P}^1$ ist starr, da $H^1(\mathbb{P}^1 \times \mathbb{P}^1,\theta) = 0$ ist (dies folgt mit der Künneth-Formel aus $H^1(\mathbb{P}^1,\theta) = 0$).

Allgemeiner gilt:

Satz (Kodaira-Spencer,[42], 6). Sei $M \to S$ eine Deformation der kompakten komplexen Mannigfaltigkeit M_o. Sei θ_s die Garbe der Keime von holomorphen Vektorfeldern auf $M(s)$ und $\rho_s: T_sS \to H^1(M(s),\theta_s)$ die Kodaira-Spencer-Abbildung.

Behauptung. Ist $\dim H^1(M(s),\theta_s)$ konstant nahe $0 \in S$ und $\rho_s = 0$ für s nahe 0, so ist M_o starr.

Auf die Voraussetzung, daß $\dim H^1(M(s),\theta_s)$ lokal konstant ist, kann nicht verzichtet werden, wie das folgende Beispiel zeigt.

Beispiel 9. Sei $\mathcal{M} \to \mathbb{C}$ die Familie aus Beispiel 5), $f: \mathbb{C} \to \mathbb{C}$, $f(s) := s^2$ und $M := f^*\mathcal{M}$. Dann ist $\rho_o = 0$ und da $M|\mathbb{C}\setminus\{0\}$ trivial ist, gilt auch $\rho_s = 0$ für $s \neq 0$. Jedoch ist $\mathcal{M}_o = M(0)$ nicht starr (vgl. Beispiel 5)).

Satz (Kodaira-Spencer, Grauert; [44], [29]). Sei $M \to S$ eine Deformation einer kompakten komplexen Mannigfaltigkeit. Dann ist $H^q(M(s),\theta_s)$ halbstetig nach oben.

Grauert bewies diesen Satz in [29] mit Hilfe seines Bildgarben-Satzes. Obiger Halbstetigkeitssatz hat eine Reihe von Anwendungen in der Deformationstheorie. Man kann damit z.B. zeigen, daß in einer Deformation $M \to S$ einer kompakten komplexen

Mannigfaltigkeit die Struktur nur längs analytischen Teilmengen von S springt.

Beispiel 10. (Hirzebruchsche Flächen). Sei $(z_o:z_1)$ ein homogenes Koordinatensystem von $\mathbb{P}^1$ und $\zeta := z_1/z_o$. Sei $U := U' := \mathbb{C}$. Für $m \in \mathbb{N}$ sei

$$M^{(m)} := U \times \mathbb{P}^1 \dot{\cup} U' \times \mathbb{P}^1 / \sim_m ,$$

wobei $U' \times \mathbb{P}^1 \ni (z',\zeta') \sim_m (z,\zeta) \in U \times \mathbb{P}^1$ genau dann, wenn $\zeta' = z^m\zeta$ und $z \cdot z' = 1$ ist. Dadurch erhält man eine kompakte komplexe Mannigfaltigkeit. Insbesondere gilt $M^{(o)} = \mathbb{P}^1 \times \mathbb{P}^1$.

Sei $V := V' := \mathbb{C}^3 \times \mathbb{C}$ und $M := V \times \mathbb{P}^1 \dot{\cup} V' \times \mathbb{P}^1/\sim$, wobei $V' \times \mathbb{P}^1 \ni (t_1',t_2',t_3',z';\zeta') \sim (t_1,t_2,t_3,z;\zeta) \in V \times \mathbb{P}^1$ genau dann wenn $(t_1',t_2',t_3') = (t_1,t_2,t_3)$, $\zeta' = z^4\zeta + t_1 z + t_2 z^2 + t_3 z^3$ und $z \cdot z' = 1$ ist. Dadurch erhält man eine Deformation $M \to \mathbb{C}^3$ von $M(O) = M^{(4)}$ und es gilt $M(t) \simeq M^{(o)}$ für $t \in \mathbb{C}^3 \setminus \{t_1 t_3 - \text{Ebene}\}$ und $M(t) \simeq M^{(2)}$ für $t \in \{t_1 t_3 - \text{Ebene}\} \setminus \{O\}$. Man vgl. dazu [39], [54] und [77].

Satz. (Wavrik, [78]). Sei M_o eine kompakte komplexe Mannigfaltigkeit und $M \to T$ eine vollständige und effektive Deformation von M_o . Ist T reduziert und $\dim H^o(M(t),\theta_t)$ unabhängig von t nahe dem ausgezeichneten Punkt in T , so ist T ein lokaler Modulraum von M_o (Man vergleiche dazu auch [59], Cor. 7.5).

In der oben zitierten Arbeit von Wavrik wurde auch der folgende Satz bewiesen:

Satz. Ist $H^{O}(M_{O},\theta_{O}) = O$, so besitzt M_{O} einen lokalen Modulraum.

Will man die obige Theorie auf kompakte komplexe Räume verallgemeinern, so erhebt sich zunächst die Frage, wie man den Begriff der Deformation auf sinnvolle Weise verallgemeinern kann. Sei X_{O} ein kompakter komplexer Raum. Der Raum X_{O} ist lokal isomorph zu Modellen der Form $f^{-1}(O)$, wobei $f\colon U \to \mathbb{C}^{n}$, $U \subset \mathbb{C}^{m}$ eine analytische Abbildung ist. Umgekehrt kann man X_{O} durch Verkleben aus den Modellen zurückgewinnen. Will man Deformationen von X_{O} betrachten, so kann man nicht nur - wie im Falle von kompakten komplexen Mannigfaltigkeiten - an den Verklebemorphismen "wackeln", sondern auch an den analytischen Abbildungen, welche die lokalen Modelle definieren.

Beispiel 11. Sei $f\colon \mathbb{C}^{3} \to \mathbb{C}^{3}$ gegeben durch $(x,y,z)\mapsto(xy,xz,yz)$ und $X_{O} = f^{-1}(O)$. Sei ferner $F\colon \mathbb{C}^{3}\times\mathbb{C}^{3} \to \mathbb{C}^{3}$ definiert durch $(x,y,z,u,v,w) \mapsto (xy-w,xz-v,yz-u)$, $X = F^{-1}(O)$ und $\pi\colon X \to \mathbb{C}^{3}$ die von $pr_{2}\colon \mathbb{C}^{3}\times\mathbb{C}^{3} \to \mathbb{C}^{3}$ induzierte Abbildung. Dann gilt $F(-,O) = f$ und damit $X(O) = X_{O}$. Der Raum X_{O} ist die Vereinigung der drei Koordinaten-Achsen. Wie sieht $X(\omega)$ aus für $\omega = (u,v,w) \neq O \in \mathbb{C}^{3}$? Je nachdem, ob genau eine, zwei oder keine der Koordinaten von ω gleich O ist, ist $X(\omega) = \emptyset$, $X(\omega) = \mathbb{C}\setminus\{O\}$ oder $X(\omega)$ besteht aus zwei Punkten.

Man möchte jedoch nicht, daß bei Deformation derartige Sprünge auftreten. Die folgenden beiden Definitionen gehen auf Grothendieck zurück.

Definition. Sei X_o ein kompakter komplexer Raum. Eine Deformation von X_o ist ein Tripel (S,X,τ), wobei $S = (S,0)$ ein komplexer Raumkeim, $\pi: X \to S$ eine eigentliche, platte Abbildung und $\tau: X_o \overset{\sim}{\to} X(0)$ ein Isomorphismus ist.

Definition. Sei X_o ein komplexer Raumkeim. Eine Deformation von X_o ist ein Tripel (S,X,τ), wobei $\pi: X \to S$ ein platter Morphismus von Raumkeimen und $\tau: X_o \overset{\sim}{\to} X(0)$ ein Isomorphismus ist.

Bemerkung. Sei $(X_o,0) \subset (\mathbb{C}^n,0)$ ein komplexer Raumkeim, $\mathcal{O}^r_{\mathbb{C}^n,0} \overset{p}{\to} \mathcal{O}^s_{\mathbb{C}^n,0} \overset{q}{\to} \mathcal{O}_{\mathbb{C}^n,0} \to \mathcal{O}_{X_o,0} \to 0$ eine exakte Sequenz und $\pi: (X,0) \to (S,0)$ ein Morphismus von Raumkeimen mit $X(0) \simeq X_o$. Man kann annehmen, daß $X \subset \mathbb{C}^n \times S$ ist. Dann sind die beiden folgenden Bedingungen äquivalent:

1) π ist platt.

2) Es existiert eine exakte Sequenz

$$\mathcal{O}^r_{\mathbb{C}^n\times S,0} \overset{P}{\to} \mathcal{O}^s_{\mathbb{C}^n\times S,0} \overset{Q}{\to} \mathcal{O}_{\mathbb{C}^n\times S,0} \to \mathcal{O}_{X,0} \to 0$$

mit $P(0) = p$, $Q(0) = q$.

Die Plattheit verhindert Sprünge wie in Beispiel 11) (vgl. [19], [73], §6). Es gelten die beiden folgenden Sätze.

Satz (Grauert, Douady, Forster-Knorr, Palamodov). Jeder kompakte komplexe Raum besitzt eine vollständige und effektive Deformation.

Satz (Grauert, Donin, Pourcin). Ein komplexer Raumkeim X_o besitzt genau dann eine vollständige und effektive Deformation, wenn $Ex^1(X_o)$ endlichdimensional ist.

Bemerkung. Für isolierte Singularitäten ist $Ex^1(X_o)$ endlichdimensional.

Sei jetzt $U \subset \mathbb{C}^n$ offen, $f = (f_1,\ldots,f_m)\colon U \to \mathbb{C}^m$ eine analytische Abbildung und $X_o := f^{-1}(0)$. Ohne Einschränkung sei $0 \in X_o$. Der Keim $X_o = (X_o, 0)$ besitze in 0 eine isolierte Singularität und es gelte $m = n - \dim X_o$ (d.h. X_o ist ein lokal vollständiger Durchschnitt). In diesem Fall kann man eine vollständige und effektive Deformation explizit konstruieren (vgl. [38]). Sei $\frac{\partial f}{\partial z_j} = (\frac{\partial f_1}{\partial z_j},\ldots,\frac{\partial f_m}{\partial z_j}) \in \mathcal{O}^m_{\mathbb{C}^n,0}$, $1 \leq j \leq n$ und

$$M := \{ \sum_{i=1}^{m} f_i a_i + \sum_{j=1}^{n} g_j \frac{\partial f}{\partial z_j} \mid a_i \in \mathcal{O}_{\mathbb{C}^n,0}, g_j \in \mathcal{O}_{\mathbb{C}^n,0} \} .$$

Man kann zeigen, daß

$$Ex^1(X_o) = \mathcal{O}^m_{\mathbb{C}^n,0}/M$$

ist. Da X_o in 0 eine isolierte Singularität besitzt, ist $Ex^1(X_o)$ endlichdimensional. Man kann also $h_k = (h_{k1},\ldots,h_{km}) \in \mathcal{O}^m_{\mathbb{C}^n,0}$, $1 \leq k \leq l$ wählen, so daß die Bilder der h_k in $Ex^1(X_o)$ eine Basis bilden. Sei

$F = (F_1,\dots,F_m): \mathbb{C}^n\times\mathbb{C}^l \to \mathbb{C}^m$ definiert durch

$$F_j(z,w) := f_j(z) + \sum_{k=1}^{l} w_k h_{kj}(z) \ , \ 1 \le j \le m \ ,$$

X der Keim von $F^{-1}(0)$ in 0 und $\pi: X \to S$ die von der zweiten Projektion induzierte Abbildung. Kas und Schlessinger konnten in der oben zitierten Arbeit zeigen, daß dies eine vollständige und effektive Deformation von X_o ist.

Beispiel 12. a) Sei $f: \mathbb{C} \to \mathbb{C}$, $z \mapsto z^l$. Dann ist $X_o := (f^{-1}(0),0)$ ein l-facher Punkt. Sei $F: \mathbb{C}\times\mathbb{C}^{l-1} \to \mathbb{C}$, $F(z,w) := z^l + w_{l-2}z^{l-2}+\dots+w_1 z + w_o$ und $X := (F^{-1}(0),0)$. Dann ist $X \to (\mathbb{C}^{l-1},0)$ eine vollständige und effektive Deformation von X_o .

b) Sei $f: \mathbb{C}^2 \to \mathbb{C}$, $f(x,y) := y^2 - x^l$ und $X_o := (f^{-1}(0),0)$. Sei $f: \mathbb{C}^2\times\mathbb{C}^{l-1} \to \mathbb{C}$, $F(x,y;w) := y^2-x^l+w_{l-2}x^{l-2}+\dots+w_1x+w_o$ und $X := (F^{-1}(0),0)$. Dann ist $X \to (\mathbb{C}^{l-1},0)$ eine vollständige und effektive Deformation von X_o .

Aus dem Satz von Kas-Schlessinger sieht man insbesondere, daß lokal vollständige Durchschnitte mit isolierter Singularität immer nichttriviale Deformationen besitzen, und daß die Basis einer vollständigen und effektiven Deformation ein glatter Raumkeim (d.h. $(\mathbb{C}^k,0)$) ist. Im allgemeinen Fall (d.h. für Raumkeime, die nicht vollständige Durchschnitte sind) gibt es jedoch Raumkeime, die starr sind, oder deren vollständige und effektive Deformation eine singuläre Basis besitzt (vgl. [31], [58] für Beispiele).

Seit den Arbeiten von Kodaira-Spencer wurden auch Deformations- bzw. Modulprobleme für andere komplexe Strukturen betrachtet. Dazu noch einige Beispiele.

Deformation von Vektorraumbündeln. Sei X ein kompakter komplexer Raum und $F_o \to X$ ein Vektorraumbündel von endlichem Rang. Eine Deformation von F_o ist ein Tripel (S,F,τ), wobei S ein Raumkeim, $F \to X \times S$ ein Vektorraumbündel und $\tau: F_o \to F|X \times \{0\}$ ein Vektorraumbündel-Isomorphismus über dem kanonischen Isomorphismus $X \to X \times \{0\}$ ist. Allgemeiner kann man Deformationen von G-Prinzipalfaserbündeln betrachten, wobei G eine endlichdimensionale komplexe Lie-Gruppe ist.

Satz. Sei $F_o \to X$ ein G-Prinzipalfaserbündel. Dann besitzt F_o eine vollständige und effektive Deformation.

Daraus ergibt sich insbesondere der analoge Satz für Vektorraumbündel (vgl. [24], §2).

Falls X eine Mannigfaltigkeit ist, wurde dieser Satz von Griffith [32] und Oniščik [57] bewiesen. Das allgemeine Problem wurde von Douady in [17] formuliert. Beweise des Satzes stammen von Donin [13], Forster-Knorr [27] und Houzel [37]. Man vergleiche dazu auch Sundararaman [75].

Besonders ausgiebig wurden in den letzten Jahren Vektorraumbündel über dem $\mathbb{P}^n$ untersucht. Einer der Gründe dafür ist sicherlich der Zusammenhang zwischen gewissen Bündeln auf dem $\mathbb{P}^3$ und Problemen der theoretischen Physik (Yang-Mills-Theorie; man vgl. dazu [1] und [56]). Eine vollständige

Übersicht hat man über Geradenbündel auf dem $\mathbb{P}^n$. Für jede Zahl $c_1 \in \mathbb{Z}$ existiert bis auf topologische Äquivalenz genau ein topologisches komplexes Geradenbündel auf $\mathbb{P}^n$ mit c_1 als erster Chern-Klasse. Jedes dieser Geradenbündel besitzt genau eine holomorphe Struktur, nämlich $\mathcal{O}_{\mathbb{P}^n}(c_1)$. Damit erhält man mit Hilfe eines Satzes von Grothendieck für den $\mathbb{P}^1$:

<u>Satz.</u> Zu gegebenen $r > 0$, $c_1 \in \mathbb{Z}$ existiert auf $\mathbb{P}^1$ bis auf topologische Äquivalenz genau ein topologisches komplexes Vektorraumbündel vom Rang r mit c_1 als erster Chern-Klasse. Die verschiedenen holomorphen Strukturen darauf sind gegeben durch

$$\mathcal{O}_{\mathbb{P}^1}(a_1) \oplus \ldots \oplus \mathcal{O}_{\mathbb{P}^1}(a_r) \quad , \quad a_1 \geq a_2 \geq \ldots \geq a_r$$

$$c_1 = a_1 + \ldots + a_r \ .$$

(vgl. [56]).

Für $n \leq 3$ weiß man, daß jedes topologische komplexe Vektorraumbündel eine holomorphe Struktur besitzt.

<u>Problem 3.</u> Besitzt auch jedes topologische komplexe Vektorraumbündel auf dem $\mathbb{P}_n$, $n \geq 4$ eine holomorphe Struktur?

Schränkt man sich auf gewisse Bündel ein, so kann man die Existenz von Modulräumen beweisen.
Es gilt der

Satz (Maruyama, [52]). Für stabile Vektorraumbündel mit vorgegebenem Hilbertpolynom auf einer projektiv-algebraischen Varietät existiert ein (grober) Modulraum.

Dieser Satz sagt nicht aus über die Struktur des Modulraums. Für gewisse Bündel über $\mathbb{P}_2$ existieren jedoch genauere Aussagen darüber (vgl. [56])

Modulraum der kompakten Unterräume eines vorgegebenen komplexen Raumes. Grothendieck stellte in [33] die Vermutung auf, daß sich auf der Menge der kompakten Unterräume eines vorgegebenen komplexen Raumes die Struktur eines komplexen Raumes einführen läßt. Diese Vermutung wurde 1966 von Douady [18] bewiesen. Auch dieser Satz besitzt Anwendungen in der theoretischen Physik (siehe [7]).

Deformationen von kohärenten Garben mit kompaktem Träger. Sei X ein komplexer Raum und $\mathcal{F}_o$ eine kohärente analytische Garbe auf X mit kompaktem Träger. Eine Deformation von $\mathcal{F}_o$ ist ein Tripel $(S,\mathcal{F},\tau)$, wobei S ein komplexer Raumkeim, $\mathcal{F}$ eine kohärente S-platte analytische Garbe auf $S \times X$, deren Träger eigentlich über S liegt und $\tau\colon \mathcal{F}_o \to \mathcal{F}(0)$ ein Isomorphismus ist.

Satz (Siu-Trautmann, [71]). Jede kohärente analytische Garbe mit kompaktem Träger besitzt eine vollständige und effektive Deformation.

In obiger Definition einer Deformation bleibt der Raum X fest. Man kann allgemeiner auch Deformationen betrachten, bei denen X und F_o gemeinsam deformiert werden. Auch hier existiert eine vollständige und effektive Deformation. Dies läßt sich leicht aus obigem Satz folgern (vgl. [71]).

In der vorliegenden Arbeit wird nun ein Satz bewiesen, der es gestattet, bei einer Reihe von Deformationsproblemen die Existenz von vollständigen und effektiven (sogar semiuniversellen, vgl. (O.8)) Deformationen auf relativ einfache Art und Weise nachzuweisen. Sei X_o ein kompakter komplexer Raum. Dann bilden die Deformationen von X_o (wobei S unendlichdimensional, d.h. ein banachanalytischer Raum sein kann) eine Kategorie $\underline{F}$. Bezeichnet man mit $\underline{G}$ die Kategorie der banachanalytischen Raumkeime, so erhält man durch die Definition $p: \underline{F} \to \underline{G}$, $p(S,X,\tau) := S$, $p(\tilde{f},f) := f$ ein Gruppoid über der Kategorie $\underline{G}$ (ein Gruppoid über $\underline{G}$ besteht aus einer Kategorie $\underline{F}$ und einem kovarianten Funktor $p: \underline{F} \to \underline{G}$, so daß Basiserweiterungen existieren und eine gewisse Eindeutigkeit erfüllt ist (vgl. (O.3))).

<u>Definition.</u> Sei $p: \underline{F} \to \underline{G}$ ein Gruppoid und $a \in \underline{F}$.

i) a heißt vollständig, wenn zu jedem $b \in \underline{F}$ ein Morphismus $b \to a$ existiert.

ii) a heißt effektiv, wenn für alle $b \in \underline{F}$ und für alle $\bar{f},\bar{g} : b \to a$ die Gleichung $T_o p(\bar{f}) = T_p p(\bar{g})$ erfüllt ist.

Ziel dieser Arbeit ist es nun, ein Kriterium (Hauptsatz (1.38)) anzugeben, welches die Existenz eines vollständigen und effektiven (sogar semiuniversellen, vgl. (0.8)) Objektes in einem Gruppoid über $\underline{G}$ garantiert. Zum Beweis werden die von Douady in [18] und [21] entwickelten Methoden benutzt.

Sei jetzt $p: \underline{F} \to \underline{G}$ ein Gruppoid. Es ist normalerweise relativ einfach, ein vollständiges Objekt $\mathfrak{A} \in \underline{F}$ zu konstruieren, so daß $\mathfrak{Z} := (\mathfrak{Z}, 0) := p(\mathfrak{A})$ ein banachanalytischer Raumkeim ist. Es ist normalerweise ebenfalls relativ einfach, einen banachanalytischen Raumkeim $Q_0 = (Q_0, q_0)$ und einen Morphismus $\omega: \mathfrak{Z} \times Q_0 \to \mathfrak{Z}$ zu konstruieren, so daß gilt:

1) $\omega | \mathfrak{Z} \times \{q_0\} = id_{\mathfrak{Z}}$

2) Für zwei Morphismen $f,g: S \to \mathfrak{Z}$ in $\underline{G}$ gilt genau dann $f^*\mathfrak{A} \simeq g^*\mathfrak{A}$, wenn ein Morphismus $h: S \to Q_0$ existiert, so daß das Diagramm

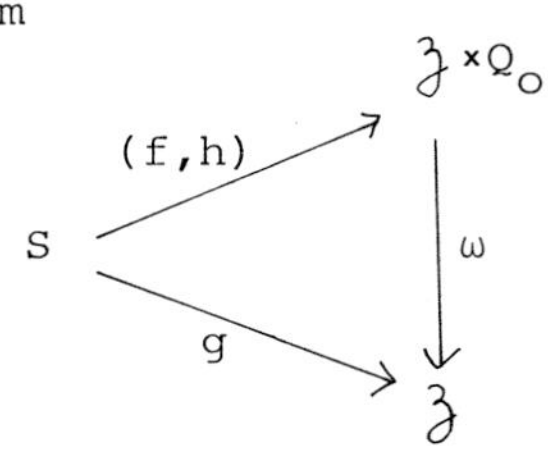

kommutiert.

Sei $\delta: Q_0 \to \mathfrak{Z}$ definiert durch $\delta := \omega | \{0\} \times Q_0$. Da $\mathfrak{A}$ vollständig ist, folgt mit 2) leicht, daß

$$Ex^1(0) = T_0\mathfrak{Z} \,/\, \operatorname{Im} T_0\delta$$

ist. Wir wollen jetzt zunächst annehmen, daß die folgenden Bedingungen erfüllt sind

i) Q_o ist glatt.

ii) $Ex^1(O)$ ist endlichdimensional.

iii) $\mathfrak{Z}$ läßt sich in seinen Tangentialraum einbetten (dies ist im Falle von banachanalytischen Raumkeimen nicht immer der Fall; vgl. (8.20) und (8.21)).

iv) $T_o\delta$ ist direkt, d.h. $\operatorname{Ker} T_o\delta$ und $\operatorname{Im} T_o\delta$ besitzen ein topologisches Komplement.

Wegen iii) kann man also annehmen, daß $\mathfrak{Z} \subset T_o\mathfrak{Z}$ ist. Sei $\Sigma \subset Q_o$ ein glatter Unterkeim mit

$$T_o\Sigma \oplus \operatorname{Ker} T_o\delta = T_oQ_o$$

und

$$R := Ex^1(O) \cap \mathfrak{Z} .$$

Sei $i: R \hookrightarrow \mathfrak{Z}$ die Inklusion und $\mathfrak{A}_R := i^*\mathfrak{A}$.

<u>Behauptung.</u> $\mathfrak{A}_R$ ist vollständig und effektiv.

<u>Beweisskizze.</u> Mit Hilfe eines Satzes von Douady kann man zeigen, daß die Beschränkung von ω auf $R \times \Sigma$ einen Isomorphismus

$$\omega: R \times \Sigma \xrightarrow{\sim} \mathfrak{Z}$$

liefert (vgl. (1.28), (1.30)). Sei jetzt $a \in \underline{F}$. Da $\mathfrak{A}$ vollständig ist, existiert ein Morphismus $\bar{f}: a \to \mathfrak{A}$. Sei

$f := p(\bar{f})$ und pr_R bzw. pr_Σ die Projektion von $R \times \Sigma$ auf R bzw. Σ. Sei $g: p(a) \to R$ definiert durch $g := pr_R \circ \omega^{-1} \circ f$ und $h := pr_\Sigma \circ \omega^{-1} \circ f$. Damit gilt

$$\omega \circ (g,h) = f$$

und deshalb wegen 2)

$$g^*\mathfrak{a}_R \simeq f^*\mathfrak{a} \simeq a \;.$$

Das Objekt $\mathfrak{a}_R \in \underline{F}$ ist also vollständig. Wegen $T_O R = Ex^1(O)$ ist es auch effektiv.

Dieses Verfahren wurde von verschiedenen Autoren (z.B. Donin, Douady, Palamodov, Pourcin) angewendet, die banach-analytische Methoden zur Lösung von Deformationsproblemen benutzten. Das Problem dabei ist, die Bedingungen i) - iv) zu verifizieren, bzw. $\mathfrak{Z}$, Q_O und ω so zu konstruieren, daß i) - iv) erfüllt sind.

Als Anwendung des Hauptsatzes wird zunächst das Modulproblem für die kompakten Unteräume eines vorgegebenen komplexen Raumes gelöst und die Existenz von semiuniversellen Deformationen für kompakte komplexe Räume nachgewiesen. Als weitere Anwendung werden neue Beweise für die Existenz semiuniverseller Deformationen von Prinzipalfaserbündeln über kompakten komplexen Räumen bzw. von kohärenten Garben mit kompaktem Träger gegeben.

Kapitel I **Theorie**

Ziel dieses Kapitels ist es, den Hauptsatz zu beweisen und die zur Anwendung notwendigen Hilfsmittel bereitzustellen. In §0 werden zunächst einige allgemeine Definitionen gegeben (Gruppoid, semiuniversell, verallgemeinerte Punkte,...). Sodann wird der Begriff der k-Panzerung eingeführt. Dieser ist für die Anwendung des Hauptsatzes von fundamentaler Bedeutung. Zum Schluß von §0 wird noch ein Satz bewiesen, der in Kapitel II mehrfach benutzt wird, um die Kompaktheit gewisser Abbildungen zu zeigen. Der §1 dient der Formulierung und dem Beweis des Hauptsatzes. Da bei der Anwendung des Hauptsatzes die jeweiligen Objekte (kompakte komplexe Räume, Garben,Prinzipalfaserbündel,..) jeweils "zerstückelt" und wieder "zusammengesetzt" werden, wird dieser Prozess in §2 in einem allgemeinen Rahmen behandelt.

§ 0 Vorbereitungen

(0.1) Bezeichnungen. Mit $\underline{A}$ wird stets die Kategorie der banachanalytischen Räume bezeichnet und mit $\underline{G}$ die Kategorie der banachanalytischen Raumkeime. Ist $\underline{C}$ irgendeine Kategorie und $c \in \underline{C}$ ein Objekt, so sei $\underline{C}_c$ die Kategorie der Objekte über c.

Mit 0 wird der Raum bezeichnet, der nur aus einem Punkt besteht, d.h. $0 = id^{-1}(0)$, $id: \mathbb{C} \to \mathbb{C}$.

Bezeichnungsmißbrauch. Raumkeime (d.h. Paare (S,s) mit $S \in \underline{A}$ und $s \in S$) werden meist nur mit S und der ausgezeichnete Punkt wird, wenn keine Mißverständnisse zu befürchten sind, mit 0 bezeichnet. Äquivalenzklassen von Raumkeimen sowie Repräsentanten davon werden mit demselben Buchstaben wie die Raumkeime bezeichnet.

(0.2) Bezeichnungen. Seien $\underline{F}$, $\underline{C}$ Kategorien und $p: \underline{F} \to \underline{C}$ ein kovarianter Funktor. Ist $\bar{f}: a \to b$ ein Morphismus in $\underline{F}$, so bedeutet die Schreibweise

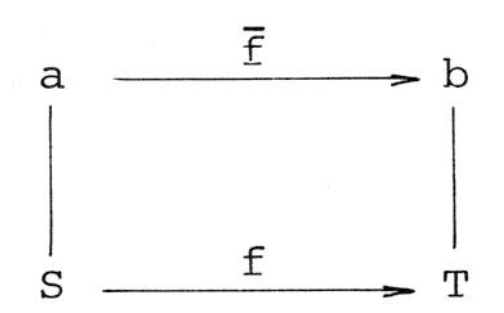

,

daß $f = p(\bar{f})$ ist (Das Anwenden von p auf einen Morphismus aus $\underline{F}$ wird meist durch Weglassen des Querstriches gekennzeichnet.).

(0.3) Definition. Ein Gruppoid über einer Kategorie $\underline{C}$ besteht aus einer Kategorie $\underline{F}$ zusammen mit einem kovarianten Funktor $p: \underline{F} \to \underline{C}$, so daß gilt:

(Gr1) (Existenz von Basiserweiterungen). Für alle Objekte b aus $\underline{F}$ und für alle Morphismen $f: S \to p(b)$ aus $\underline{C}$ existiert ein $a \in \underline{F}$ und ein Morphismus $\bar{f}: a \to b$ mit $p(\bar{f}) = f$.

(Gr2) (Eindeutigkeit). Für jedes kommutative Diagramm

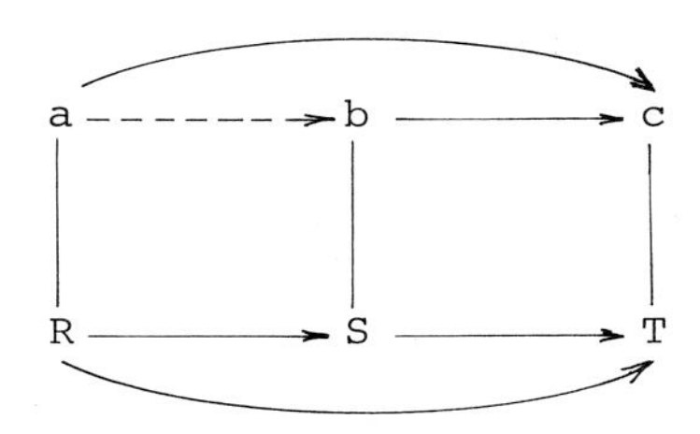

von durchgezogenen Pfeilen existiert ein eindeutig bestimmter gestrichelter Pfeil, der das Diagramm kommutativ ergänzt.

(0.4) Bezeichnung. Sind $\bar{f}: a \to c, \bar{g}: b \to c, h: p(a) \to p(b)$ Morphismen in $\underline{F}$ bzw. $\underline{C}$ mit $f = g \circ h$ und $\bar{h}: a \to b$ der mittels (Gr2) eindeutig bestimmte Morphismus mit $p(\bar{h}) = h$ und $\bar{g} \circ \bar{h} = \bar{f}$, so wird gesetzt

$$(\bar{f},h,\bar{g}) := \bar{h}.$$

(0.5) Bemerkungen. 1) Ist $\bar{k}: c \to d$ ein weiterer Morphismus, so gilt

$$(\bar{k} \circ \bar{f},h,\bar{k} \circ \bar{g}) = (\bar{f},h,\bar{g}).$$

2) Sind $\bar{i}: e \to c$ und $j: p(e) \to p(a)$ Morphismen mit $i = f \circ j$, so gilt

$$(\bar{f},h,\bar{g}) \circ (\bar{i},j,\bar{f}) = (\bar{i},h\circ j,\bar{g}).$$

<u>(0.6) Bemerkungen.</u> Sei $p: \underline{F} \to \underline{C}$ ein Gruppoid.

1) Jeder Morphismus, der über einem Isomorphismus aus $\underline{C}$ liegt, ist selbst ein Isomorphismus.

2) Sei $f: S \to T$ ein Morphismus in $\underline{C}$. Indem man für jedes $b \in \underline{F}$ über T vermöge (Gr1) ein $a \in \underline{F}$ über S und einen Morphismus $\bar{f} \in \underline{F}$ über f auswählt, erhält man wegen (Gr2) einen Funktor

$$f^*: p^{-1}(T) \to p^{-1}(S).$$

Dieser ist bis auf einen eindeutigen Isomorphismus eindeutig bestimmt.

<u>(0.7) Satz.</u> Sei $p: \underline{F} \to \underline{C}$ ein Gruppoid. Seien $\bar{f}: a \to c$, $\bar{g}: b \to c$ Morphismen in $\underline{F}$ und $f: R \to T, g: S \to T$ die darunterliegenden Morphismen. Dann sind die folgenden Aussagen äquivalent:

i) Es existiert das Faserprodukt $a \times_c b$.

ii) Es existiert das Faserprodukt $R \times_T S$.

Ist eine der beiden Aussagen erfüllt, so gilt

$$p(a \times_c b) = R \times_T S \quad \text{und} \quad a \times_c b = (f \circ p_1)^*c = (g \circ p_2)^*c,$$

wobei $p_1: R \times_T S \to R, p_2: R \times_T S \to S$ die Projektionen sind.

Beweis. Die Äquivalenz von i) und ii) erhält man, indem man das jeweils gesuchte Faserprodukt wie im zweiten Teil der Behauptung definiert.

(0.8) Definition. Sei $p: \underline{F} \to \underline{G}$ ein Gruppoid und $a \in \underline{F}$.

i) a heißt vollständig, wenn für jedes $b \in \underline{F}$ ein Morphismus $b \to a$ existiert.

ii) a heißt effektiv, wenn für alle $b \in \underline{F}$ und für alle $\bar{f}, \bar{g}: b \to a$ die Gleichung $T_o f = T_o g$ erfüllt ist.

iii) a heißt versell, wenn zu jedem Diagramm

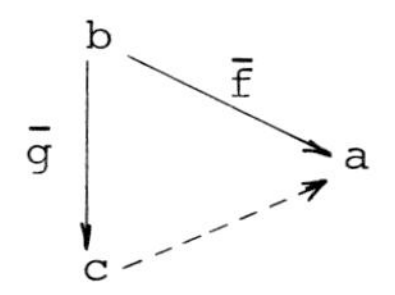

von durchgezogenen Pfeilen, wobei $p(\bar{g})$ eine Einbettung ist, ein gestrichelter Pfeil existiert, der das Diagramm kommutativ ergänzt.

iv) a heißt semiuniversell, wenn a versell und effektiv ist.

v) a heißt universell, wenn für jedes $b \in \underline{F}$ genau ein Morphismus $b \to a$ existiert.

(0.9) Satz. Sei $p: \underline{F} \to \underline{G}$ ein Gruppoid. Für jedes $a \in \underline{F}$ gelte $p^{-1}(id_{p(a)}) = \{id_a\}$.

<u>Behauptung.</u> In $\underline{F}$ existieren Kerne von Doppelpfeilen und für alle Paare von Morphismen $a \rightrightarrows b$ in $\underline{F}$ ist der unter dem kanonischen Morphismus $Ker(a \rightrightarrows b) \to a$ liegende Morphismus eine Einbettung.

<u>Beweis.</u> Seien $\bar{f}, \bar{g}\colon a \to b$ Morphismen in $\underline{F}$ und $R := Ker(f,g) \xrightarrow{i} p(a)$, sowie $a_R := i^*a$ und $\bar{i}$ ein Morphismus über i.

Aus dem Diagramm

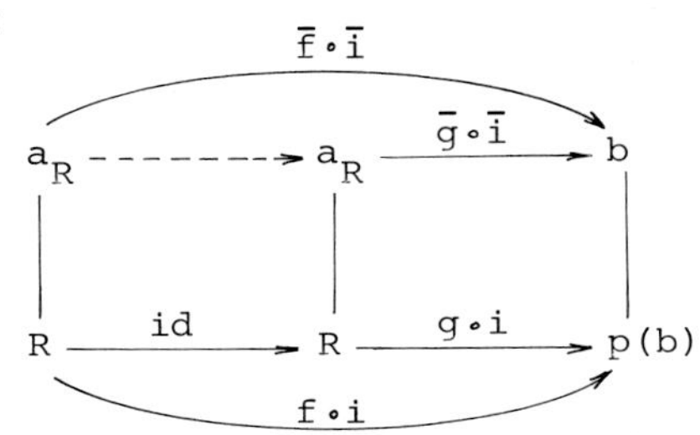

folgt mit (Gr2) und der Voraussetzung über das Gruppoid

$$\bar{f} \circ \bar{i} = \bar{g} \circ \bar{i}.$$

Ist $\bar{h}\colon c \to a$ ein Morphismus mit $\bar{f} \circ \bar{h} = \bar{g} \circ \bar{h}$, so folgt wegen $R = Ker(f,g)$ mit (Gr2), daß $\bar{h}$ auf eindeutige Weise über a_R faktorisiert.

<u>(0.10).</u> Sei $\underline{C}$ eine Kategorie und $X \in \underline{C}$ ein Objekt. Morphismen $s\colon T \to X$ werden im folgenden als verallgemeinerte Punkte oder T-Punkte bezeichnet und dafür $s \in X$ geschrieben. Ist $f\colon X \to Y$ ein Morphismus, so wird $f(s) := f \circ s$ gesetzt.

Diese Bezeichnungen gestatten es, Aussagen über Morphismen in $\underline{C}$ auf mengenmäßige Betrachtungen zurückzuführen. Man kann zum Beispiel Morphismen in $\underline{C}$ "punktweise" definieren und "punktweise" nachrechnen, ob Morphismen in $\underline{C}$ Isomorphismen oder ob Diagramme kommutativ sind (man betrachte dazu den verallgemeinerten Punkt $id_X: X \to X$). Ein Beispiel dafür ist Satz (0.12).

Bezeichnung. Sei $X \in \underline{A}$ und x ein Punkt aus X. Ein verallgemeinerter Punkt in der Nähe von x ist ein Morphismus $(T,t) \to (X,x)$ aus $\underline{G}$.

Sei jetzt $\underline{F} \to \underline{C}$ ein Gruppoid. Sei $\bar{f}: a \to b$ ein Morphismus in $\underline{F}$ und $s \in p(a)$ ein verallgemeinerter Punkt. Es werden folgende Bezeichnungen eingeführt:

$a(s) := s^*a$ ("Faser von a in s")

$\bar{f}(s) := s^*\bar{f}: a(s) \to b(f(s))$ ("Faser von f in s").

(0.11) Bemerkungen. 1) Man betrachtet also anstelle von X den kontravarianten Funktor

$$h_X: \underline{C} \to \underline{\text{Ens}} ,$$

gegeben durch $h_X(T) := \text{Mor}(T,X), h_X(u) := (f \mapsto f \circ u)$. Dieser Funktor ist darstellbar durch (X, id_X) (man vergleiche dazu ([35], Kap. 0. § 1).

2) Ist $H: \underline{C} \to \underline{\text{Ens}}$ ein kontravarianter Funktor, der durch (M,m), $M \in \underline{C}, m \in H(M)$ dargestellt wird, so werden die verallgemeinerten Punkte von M gegeben durch Paare (T,t) mit $T \in \underline{C}, t \in H(T)$.

Spezialfälle davon sind:

3) Ist $\underline{D}$ eine Kategorie und $X,Y \in \underline{D}$, so daß $X \times Y$ existiert, so werden die verallgemeinerten Punkte $z \in X \times Y$ gegeben durch Paare (x,y) mit $x \in X, y \in Y$ (man betrachte auch den Fall $\underline{D} = \underline{C}_S$).

4) Ist $S \in \underline{A}, K \subset \mathbb{C}^n$ ein Polyzylinder, $Y \subset S \times K$ ein anaplatter Unterraum, sowie $X \to S$ von relativ endlicher Präsentation. Dann werden die verallgemeinerten Punkte von $\mathcal{M}or_S(Y,X)$ gegeben durch Paare (s,f) mit $s \in S, f: Y(s) \to X(s)$ (vgl. (7.9)).

<u>(0.12) Satz.</u> Die Bezeichnungen seien so gewählt wie in Bemerkung 4). Seien ferner $X',Z \in \underline{A}_S$ sowie Morphismen $X \to Z$ und $X' \to Z$ gegeben. Dann existiert ein Isomorphismus

$$(*) \qquad \mathcal{M}or_S(Y, X\times_Z X') \simeq \mathcal{M}or_S(Y,X) \times_{\mathcal{M}or_S(Y,Z)} \mathcal{M}or_S(Y,X').$$

<u>Beweis.</u> Mit M werde die linke Seite und mit N die rechte Seite in (*) bezeichnet. Die folgenden Morphismen sind zueinander invers:

$$M \longrightarrow N$$
$$(s,f) \mapsto (s, p_1(s)\circ f; s, p_2(s)\circ f) ,$$

wobei p_1, p_2 die Projektionen von $X \times_Z X'$ auf X bzw. X' sind, sowie

$$N \longrightarrow M$$
$$(s,g;s,h) \mapsto (s,(g,h)).$$

Im folgenden wird der Begriff der "k-Panzerung" eingeführt. Dieser geht zurück auf Douady ([12] im Falle k=1, [15] im Falle k=2) und ist für die Anwendung des Hauptsatzes von fundamentaler Bedeutung. Die folgenden heuristischen Vorbemerkungen sollen zum besseren Verständnis dieser Begriffe dienen. Sei X ein kompakter komplexer Raum. Dann existieren: Eine endliche Menge I_o, offene Teilmengen $U_i \subset \mathbb{C}^{n_i}$, $X_i \subset X$, abgeschlossene Unterräume $Z_i \subset U_i$, sowie Isomorphismen $f_i : Z_i \to X_i$, $i \in I_o$, so daß gilt $X = \bigcup_{i \in I_o} X_i$. Für $l = 1,2$ sei $I_l := \{(i_o,\ldots,i_l) \in I_o^{l+1} \mid X_{i_o} \cap \ldots \cap X_{i_l} \neq \emptyset\}$. Für alle $j = (i_o,\ldots,i_l) \in I_l$ existieren offene Teilmengen $U_j \subset \mathbb{C}^{n_j}$, abgeschlossene Unterräume $Z_j \subset U_j$, sowie Isomorphismen $f_j : Z_j \to X_{i_o} \cap \ldots \cap X_{i_l}$. Sei η der durch die Z_i, f_i, $i \in I_o \cup I_1 \cup I_2$ gegebene Atlas. Für $j = (i,i') \in I_1$ sei $h_i^j := f_i^{-1} \circ f_j$ ("Kartenwechsel"). Aus dem System der Z_i, h_i^j, $i \in I_o$, $j \in I_1$ kann man X (genauer: einen dazu isomorphen Raum) wieder zurückgewinnen, indem man die Z_i, $i \in I_o$ mittels $(h_i^j) \circ (h_{i'}^j)^{-1}$ verklebt ($j = (i,i')$). Dieser Prozess (zerstückeln und wieder verkleben) ist, wie bereits erwähnt wurde, für die Anwendung des Hauptsatzes wichtig. Hier wird allerdings mit "Karten" der Form $f_i : Y_i \to X$ gearbeitet, wobei Y_i ein privilegierter Unterraum eines Polyzylinders $K_i \subset \mathbb{C}^{n_i}$ ist. Da jedoch Durchschnitte privilegierter Polyzylinder im allgemeinen nicht privilegiert sind, werden die Durchschnitte neu überdeckt. Damit die "Kartenwechsel" wohldefiniert sind, wird mit ineinander liegenden Polyzylindern $K_i' \subset \overset{\circ}{K}_i$ gearbeitet. Auf diese Weise gelangt man zum Begriff der k-Panzerung. Ist man (wie im Falle von Deformationen kompakter komplexer Räume) nicht nur an den Y_i, f_i, sondern auch an den "benachbarten Karten" interessiert (d.h. an den Y_i und f_i wird etwas gewackelt), so werden jeweils drei ineinander liegende Polyzylinder $K_i' \subset \tilde{K}_i$, $\tilde{K}_i \subset \overset{\circ}{K}_i$ betrachtet. Dies hat wieder den Zweck sicherzustellen, daß die Kartenwechsel wohldefiniert sind (vgl. (5.2)).

(0.13) Definition. Sei $k \in \mathbb{N}$. Eine simpliziale Menge $I.$ der Dimension k wird gegeben durch k+1-Mengen $I_o, \dots, I_k$ und Abbildungen

$$d_i \colon I_m \to I_{m-1} \qquad 0 \leq i \leq m,\ 0 \leq m \leq k$$

(genauer müßte man eigentlich $d_{m,i}$ schreiben), so daß für alle $i < j$ die Gleichung

$$d_i \circ d_j = d_{j-1} \circ d_i$$

erfüllt ist.

(0.14) Bezeichnungen. Sei $I.$ wie oben. Dann wird gesetzt:

$$I := \bigcup_{j=o}^{k} I_j, \qquad I' := \bigcup_{j=o}^{k-1} I_j,$$

$$\partial i := \{d_o i, \dots, d_m i\} \quad \text{für } i \in I_m,$$

$$di := (d_o i, \dots, d_m i) \in I_{m-1}^{m+1} \quad \text{für } i \in I_m,$$

$$I_{-1} := \{0\},\ d_o \colon I_o \to I_{-1}.$$

(0.15) Definition. Sei $k \in \mathbb{N}$. Ein Typ einer k-Panzerung ist ein Tripel $J := (I., (K_i)_{i \in I}, (K_i')_{i \in I'})$, wobei $I.$ eine endliche simpliziale Menge der Dimension k ist und die $K_i \subset \mathbb{C}^{n_i}$, $K_i' \subset \mathring{K}_i$ Polyzylinder sind.

(0.16) Definition. Sei $X \in \underline{A}$. Eine Karte von X ist ein Tripel (X', φ, U), wobei $X' \subset X$ offen und $\varphi \colon X' \xrightarrow{\sim} Z \subset U$ ein Isomorphismus auf ein Modell in U ist.

<u>(0.17) Definition.</u> Sei X ein komplexer Raum und $X' \subset X$ eine kompakte Teilmenge. Eine k-Panzerung von (X',X) ist ein Tripel $(J,(Y_i)_{i\in I},(f_i)_{i\in I})$, gegeben durch einen Typ einer k-Panzerung J, privilegierte Unterräume $Y_i \subset K_i$ und Morphismen $f_i\colon Y_i \to X$, so daß die unten aufgeführten Bedingungen (P0) - (P3) erfüllt sind. Dazu werden noch folgende Bezeichnungen eingeführt:

$$X_i := f_i(Y_i),\ X'_i := f_i(Y_i \cap K'_i) \quad \text{für alle} \quad i \in I \quad \text{bzw.} \quad i \in I'.$$

(P0) Es existieren Karten (V_i,φ_i,U_i), so daß $K_i \subset U_i$ privilegiert für die Strukturgarbe von $Z_i := \varphi(V_i)$, $Y_i = K_i \cap Z_i$ und $f_i = \varphi_i^{-1}|Y_i$ ist.

(P1) $X' \subset \bigcup_{i\in I_o} \mathring{X}'_i$.

(P2) Für alle $1 \leq \nu \leq k-1$ und $i = (i_o,\ldots,i_\nu) \in I^{\nu+1}_{\nu-1}$ derart, daß für alle $m < n$ die Gleichung

$$d_m i_n = d_{n-1} i_m$$

erfüllt ist, gilt:

$$X'_{i_o} \cap \ldots \cap X'_{i_\nu} \subset \bigcup_{dj=i} \mathring{X}'_j \quad \text{und} \quad \bigcup_{dj=i} X_j \subset \mathring{X}_{i_o} \cap \ldots \cap \mathring{X}_{i_\nu} \ .$$

(P3) Für alle $j = (j_o,\ldots,j_k) \in I^{k+1}_{k-1}$ derart, daß für alle $m < n$ die Gleichung

$$d_m j_n = d_{n-1} j_m$$

erfüllt ist, gilt:

$$X'_{j_o} \cap \ldots \cap X'_{j_k} \subset \bigcup_{dl=j} \mathring{X}_l \quad \text{und} \quad \bigcup_{dl=j} X_l \subset \mathring{X}_{j_o} \cap \ldots \cap \mathring{X}_{j_k} \ .$$

Bezeichnung. $Y_i' := Y_i \cap K_i'$.

(0.18) Definition. Sei $(\mathcal{F}_\nu)_{\nu \in \Omega}$ eine endliche Familie von kohärenten Garben auf X. Eine k-Panzerung heißt $(\mathcal{F}_\nu)$-privilegiert, wenn (mit obigen Bezeichnungen) jedes K_i für alle $(\varphi_i)_* \mathcal{F}_\nu$ privilegiert ist.

(0.19) Satz. Sei X ein komplexer Raum, $X' \subset X$ eine kompakte Teilmenge und $((V_\lambda, \varphi_\lambda, U_\lambda))_{\lambda \in \Lambda}$ eine Familie von Karten von X, so daß die V_λ die Menge X' überdecken. Sei $(\mathcal{F}_\nu)_{\nu \in \Omega}$ eine endliche Familie von kohärenten analytischen Garben auf X.

Behauptung. Für jedes $k \in \mathbb{N}$ existiert ein Typ einer k-Panzerung J und eine $(\mathcal{F}_\nu)$-privilegierte k-Panzerung $q = (J, (Y_i), (f_i))$, so daß jedes $f_i(Y_i)$ in einem $V_{\lambda(i)}$ enthalten, $Y_i = K_i \cap \varphi_{\lambda(i)}(V_\lambda)$ und $f_i = \varphi^{-1}_{\lambda(i)} | Y_i$ ist.

Bezeichnung. Eine solche k-Panzerung heißt "der Überdeckung $(V_\lambda)_{\lambda \in \Lambda}$ untergeordnet".

Beweis. Die Bezeichnungen seien wie in (0.17) gewählt. Mit Hilfe des Privilegiertheitssatzes sieht man, daß man endlich viele Polyzylinder $K_i, i \in I_0$ wählen kann, von denen jeder in einem $U_{\lambda(i)}$ enthalten und privilegiert für die Strukturgarbe von $Z_{\lambda(i)}$ sowie für die Garben $(\varphi_{\lambda(i)})_* \mathcal{F}_\nu$ ist und so, daß die $\varphi^{-1}_{\lambda(i)}(Z_{\lambda(i)} \cap \mathring{K}_i)$ X' überdecken. Sei jetzt

$$Y_i := K_i \cap Z_{\lambda(i)} \quad \text{und} \quad f_i := \varphi^{-1}_{\lambda(i)} | Y_i .$$

Ist $k > 0$, so wähle man noch Polyzylinder $K_i' \subset \mathring{K}_i$, so daß (P1) erfüllt ist.

Seien jetzt bereits die simpliziale Menge bis zur Dimension $(m-1)$ $(1 \leq m \leq k)$ und Y_i, f_i für $i \in I_\nu$, $0 \leq \nu \leq m-1$ konstruiert. Sei $j := (j_o, \ldots, j_m) \in I^{m+1}_{m-1}$, so daß für alle $\mu < \kappa$

$$d_\mu j_\kappa = d_{\kappa-1} j_\mu \qquad (*)$$

ist. Wie oben konstruiert man endliche Familien $(K_l)_{l \in J(j)}$, $(Y_l)_{l \in J(j)}, (f_l)_{l \in J(j)}$, so daß die folgenden Bedingungen erfüllt sind: Jedes K_l ist ein Polyzylinder, der in einem $U_{\lambda(l)}$ enthalten und privilegiert für die Strukturgarbe von $Z_{\lambda(l)}$ sowie für die $(\varphi_{\lambda(i)})_* F_\nu$ ist; $Y_l = K_l \cap Z_{\lambda(l)}$; $f_l = \varphi^{-1}_{\lambda(l)} | Y_l$; $X'_{j_o} \cap \ldots \cap X'_{j_m} \subset \bigcup_{dl=j} \mathring{X}_l$ und $\bigcup_{dl=j} X_l \subset \mathring{X}_{j_o} \cap \ldots \cap \mathring{X}_{j_m}$. Für $m < k$ wählt man dann noch Polyzylinder $K_l' \subset \mathring{K}_l$ (für alle $l \in J(j)$), so daß die $\mathring{X}_l'$ noch den Durchschnitt der X'_{j_ν} überdecken. Sei $I_m := \bigcup J(j)$. Dabei ist die Vereinigung über alle $j \in I^{m+1}_{m-1}$, die (*) erfüllen, zu bilden. Für die d_n nimmt man die kanonische Abbildung $I_m \to I_{m-1}$. Damit folgt die Behauptung.

<u>(0.20) Definition.</u> Ein Typ einer erweiterten k-Panzerung ist ein Tupel $J_e = (I., (K_i)_{i \in I}, (\tilde{K}_i)_{i \in I}, (K_i')_{i \in I'})$, so daß $(I., (\tilde{K}_i), (K_i'))$ Typ einer k-Panzerung und für jedes $i \in I$ K_i ein Polyzylinder mit $\tilde{K}_i \subset \mathring{K}_i$ ist.

<u>(0.21) Definition.</u> Sei X ein komplexer Raum und $X' \subset X$ eine kompakte Teilmenge. Eine erweiterte k-Panzerung von (X', X) ist

ein Tripel $(\mathcal{J}_e, (Y_i)_{i\in I}, (f_i)_{i\in I})$, wobei $\mathcal{J}_e$ Typ einer erweiterten k-Panzerung ist, die $Y_i \subset K_i$ privilegierte Unterräume und $f_i: Y_i \to X$ Morphismen sind, so daß die unten aufgeführten Bedingungen (P_e0) - (P_e3) erfüllt sind.

Dazu werden folgende Bezeichnungen eingeführt:

$$X_i := f_i(Y_i),\ \tilde{X}_i := f_i(Y_i \cap \tilde{K}_i),\ X_i' := f_i(Y_i \cap K_i')$$

für alle $i \in I$.

(P_e0) Für jedes $i \in I$ induziert f_i einen Isomorphismus von einer offenen Umgebung von $Y_i \cap \tilde{K}_i$ auf eine offene Teilmenge von X.

(P_e1) $X' \subset \bigcup_{i\in I_o} \mathring{X}'_i$.

(P_e2) Für alle $1 \leq \nu \leq k-1$ und $i := (i_o, \ldots, i_\nu) \in I_{\nu-1}^{\nu+1}$ derart, daß für alle $m < n$ die Gleichung

$$d_m i_n = d_{n-1} i_m$$

erfüllt ist, gilt

$$X_{i_o}' \cap \ldots \cap X_{i_\nu}' \subset \bigcup_{dj=i} \mathring{X}_j' \quad \text{und} \quad \bigcup_{dj=i} X_j \subset \mathring{\tilde{X}}_{i_o} \cap \ldots \cap \mathring{\tilde{X}}_{i_\nu} .$$

(P_e3) Für alle $j = (j_o, \ldots, j_k) \in I_{k-1}^{k+1}$ derart, daß für alle $m < n$ die Gleichung

$$d_m j_n = d_{n-1} j_m$$

erfüllt ist, gilt

$$X_{j_o}' \cap \ldots \cap X_{j_k}' \subset \bigcup_{dl=j} \mathring{\tilde{X}}_l \quad \text{und} \quad \bigcup_{dl=j} X_l \subset \mathring{\tilde{X}}_{j_o} \cap \ldots \cap \mathring{\tilde{X}}_{j_k} .$$

Bezeichnung. $Y_i' := Y_i \cap K_i'$, $\tilde{Y}_i := Y_i \cap \tilde{K}_i$.

(0.22). Für erweiterte k-Panzerungen definiert man wie in (0.18) den Begriff "(F_ν)-privilegiert" (die größeren Polyzylinder müssen privilegiert sein). Es gilt der zu (0.19) analoge Satz.

(0.23) Definition. Sei $K \subset \mathbb{C}^n$ ein Polyzylinder und $k \in \mathbb{N}$. Eine k-Panzerung von K wird gegeben durch einen Typ einer k-Panzerung $(I.,(K_i),(K_i'))$, so daß gilt:

$(P_K 0)$ $K_i \subset K$ für alle $i \in I$.

$(P_K 1)$ $K = \bigcup_{i \in I_o} \overset{\circ}{K}{}_i'$.

$(P_K 2)$ Für alle $1 \leq \nu \leq k-1$ und $i = (i_o,\ldots,i_\nu) \in I_{\nu-1}^{\nu+1}$ derart, daß für alle $m < n$ die Gleichung

$$d_m i_n = d_{n-1} i_m$$

erfüllt ist, gilt

$$K_{i_o}' \cap \ldots \cap K_{i_\nu}' \subset \bigcup_{dj=i} \overset{\circ}{K}{}_j' \quad \text{und} \quad \bigcup_{dj=i} K_j \subset \overset{\circ}{K}_{i_o} \cap \ldots \cap \overset{\circ}{K}_{i_\nu} .$$

$(P_K 3)$ Für alle $j = (j_o,\ldots,j_k) \in I_{k-1}^{k+1}$ derart, daß für alle $m < n$ die Gleichung

$$d_m j_n = d_{n-1} j_m$$

erfüllt ist, gilt

$$K_{j_o}' \cap \ldots \cap K_{j_k}' \subset \bigcup_{dl=j} \overset{\circ}{K}_l \quad \text{und} \quad \bigcup_{dl=j} K_l \subset \overset{\circ}{K}_{j_o} \cap \ldots \cap \overset{\circ}{K}_{j_k} .$$

Dabei bedeuted $^\circ$ immer: offen in K.

(0.24) Definition. Sei $K \subset \mathbb{C}^n$ ein Polyzylinder und $Y \subset K$ ein privilegierter Unterraum. Eine k-Panzerung $(I.,(K_i),(K'_i))$ von K heißt Y-privilegiert, wenn für alle $i \in I$ $\mathcal{B}_Y \otimes_{\mathcal{B}_K} \mathcal{B}_{K_i}$ K_i-privilegiert ist.

Es gilt der zu (0.19) analoge Satz.

(0.25). Seien $J = (I.,(K_i),(K'_i))$ und $\hat{J} = (I.,(\hat{K}_i),(\hat{K}'_i))$ Typen von k-Panzerungen und $q = (J,(Y_i),(f_i))$ bzw. $\hat{q} = (\hat{J},(\hat{Y}_i),(\hat{f}_i))$ k-Panzerungen von (X',X).

Die Schreibweise $J \subset\subset \hat{J}$ bedeutet, daß für alle $i \in I$ K_i im Inneren von $\hat{K}_i$ enthalten und $K'_i \subset \hat{K}'_i$ ist. Die Panzerung $\hat{q}$ heißt Fortsetzung von q, wenn gilt:

1) $J \subset\subset \hat{J}$.

2) $Y_i = K_i \cap \hat{Y}_i$ für alle $i \in I$.

3) $f_i = \hat{f}_i | Y_i$ für alle $i \in I$.

Satz. Mit den Bezeichnungen aus (0.19) gilt:
q besitzt eine Fortsetzung $\hat{q}$, die ebenfalls der Überdeckung $(V_\lambda)_{\lambda \in \Lambda}$ untergeordnet und $(\mathcal{F}_\nu)$-privilegiert ist.

Beweis. Für alle $i \in I$ sei c_i ein Punkt aus dem Inneren von K'_i und für $t \in \mathbb{R}$ nahe 1 sei $h_{i,t}$ die Abbildung $K_i \to \mathbb{C}^{n_i}$, $z \mapsto (1-t) \cdot c_i + t \cdot z$. Mit den Bezeichnungen aus dem Beweis von (0.19) gilt: Ist $t(i) > 1$ genügend nahe bei 1, so ist

$$\hat{K}_i := h_{i,t(i)}(K_i)$$

in $U_{\lambda(i)}$ enthalten und privilegiert für die Strukturgarbe von $Z_{\lambda(i)}$ und für die $(\varphi_{\lambda(i)})_* F_\nu$. Sei $\hat{Y}_i := Z_{\lambda(i)} \cap \hat{K}_i$ und $\hat{f}_i := \varphi^{-1}_{\lambda(i)} | \hat{Y}_i$. Mit

$$\hat{J} := (I., (\hat{K}_i), (K_i'))$$

$$\hat{q} := (\hat{J}, (\hat{Y}_i), (\hat{f}_i))$$

folgt die Behauptung.

Bemerkung. Analog definiert man $J_e \subset\subset \hat{J}_e$ und den Begriff "Fortsetzung" für erweiterte k-Panzerungen. Es gilt der analoge Satz.

Später wird noch mehrmals der folgende Satz benutzt:

(0.26) Satz. Seien $r: \hat{T} \to T$ kompakt, $K, \hat{K}$ zwei Polyzylinder mit $K \subset \mathring{\hat{K}}$, $\hat{Y} \subset \hat{T} \times \hat{K}$ ein $\hat{T}$-anaplatter, $Y \subset T \times K$ ein T-anaplatter Unterraum und $X \to S$ von relativ endlicher Präsentation. Es gelte $r^*Y = \hat{Y} \cap (\hat{T} \times K)$.

Behauptung. Der Morphismus

$$\rho: \mathcal{M}or_{S\times\hat{T}}(S \times \hat{Y}, \hat{T} \times X) \to \mathcal{M}or_{S\times T}(S \times Y, T \times X)$$

$$(s,t,f) \longmapsto (s, r(t), f|Y(r(t)))$$

ist S-kompakt in jedem Punkt.

Beweis. Sei zunächst $X \subset S \times U$, wobei $U \subset \mathbb{C}^n$ offen ist. Man hat die Inklusionen

$$\mathcal{Mor}_{S\times T}(S \times Y, T \times X) \subset \mathcal{Mor}_{S\times T}(S \times Y, T \times S \times U) \subset B(K, \mathcal{B}_{S\times Y})^n$$

und analog

$$\mathcal{Mor}_{S\times \hat{T}}(S \times \hat{Y}, \hat{T} \times X) \subset B(\hat{K}, \mathcal{B}_{S\times \hat{Y}})^n$$

(vgl. die Bemerkung in (6.9)). Die Beschränkung ρ wird induziert von der Beschränkung $\mu\colon B(\hat{K}, \mathcal{B}_{S\times\hat{Y}})^n \to B(K, \mathcal{B}_{S\times Y})^n$. Man betrachte das kommutative Diagramm

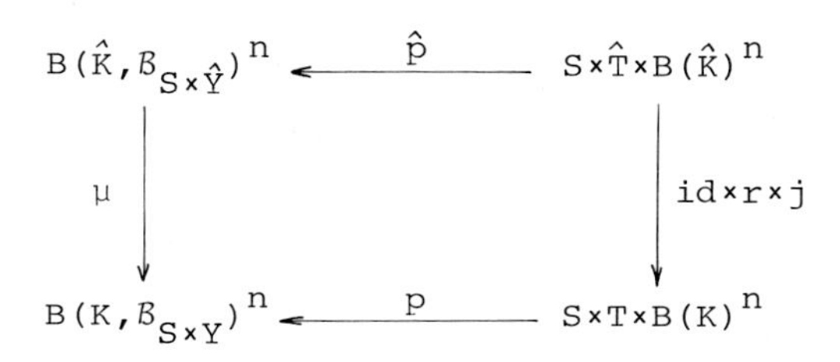

wobei $\hat{p}$ und p die Quotientenabbildungen sind (vgl. (6.6)) und j die Beschränkungsabbildung ist. Da r und j kompakt sind und $\hat{p}$ einen Schnitt besitzt folgt, daß μ und damit auch ρ S-kompakt ist.

Sei jetzt X beliebig und (s_o, t_o, f_o) ein Punkt aus $\mathcal{Mor}_{S\times\hat{T}}(S \times \hat{Y}, \hat{T} \times X)$. Sei $(U_j)_{j\in J}$ eine Überdeckung von $\hat{K}$, so daß für alle $j \in J$ $f_o(U_j \cap \hat{Y}(t_o))$ in einer Karte von X über S enthalten ist. Sei $(\hat{I}., (\hat{K}_i))$ eine dieser Überdeckung untergeordnete $\hat{Y}(O)$-privilegierte O-Panzerung von $\hat{K}$ und $(I., (K_i))$ eine der Überdeckung $(K \cap \mathring{\hat{K}}_i)_{i\in\hat{I}}$ untergeordnete $Y(O)$-privilegierte O-Panzerung von K.

Sei $\hat{Y}_i := \hat{Y} \cap (\hat{T} \times \hat{K}_i)$ und $Y_j := Y \cap (T \times K_j)$. Man kann jetzt $\mathcal{Mor}_{S\times\hat{T}}(S \times \hat{Y}, \hat{T} \times X)$ als Unterraum von $\prod_{i\in\hat{I}} \mathcal{Mor}_{S\times\hat{T}}(S \times \hat{Y}_i, \hat{T} \times X)$ und ebenso $\mathcal{Mor}_{S\times T}(S\times Y, T\times X)$ als Unterraum von $\prod_{i\in I} \mathcal{Mor}_{S\times T}(S\times Y_i, T\times X)$

auffassen. Dies folgt unmittelbar aus der Konstruktion der $\mathcal{M}or$-Räume in [64] bzw. [50], da man obige 0-Panzerungen von $\hat{K}$ bzw. K zu 1-Panzerungen erweitern kann (man vgl. dazu auch (6.15)).

Man betrachte jetzt das Diagramm

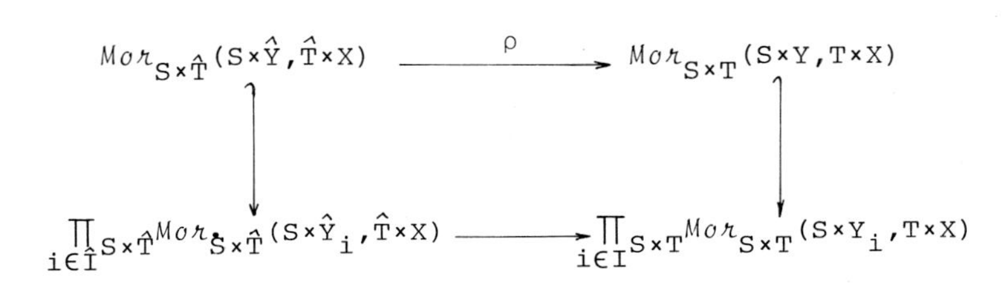

$$\begin{array}{ccc} \mathcal{M}or_{S\times\hat{T}}(S\times\hat{Y},\hat{T}\times X) & \xrightarrow{\rho} & \mathcal{M}or_{S\times T}(S\times Y,T\times X) \\ \downarrow & & \downarrow \\ \prod_{i\in\hat{I}}{}_{S\times\hat{T}}\mathcal{M}or_{S\times\hat{T}}(S\times\hat{Y}_i,\hat{T}\times X) & \longrightarrow & \prod_{i\in I}{}_{S\times T}\mathcal{M}or_{S\times T}(S\times Y_i,T\times X) \end{array}$$

wobei der untere waagrechte Pfeil die "Beschränkungsabbildung" und die senkrechten Pfeile die Inklusionen sind. Obiges Diagramm ist, wie man leicht nachrechnet, kommutativ. Wendet man den ersten Teil des Beweises auf den unteren waagrechten Pfeil an, so folgt die Behauptung.

§ 1 Der Hauptsatz

Vorbemerkung. In diesem Kapitel wird der Hauptsatz der vorliegenden Arbeit formuliert und bewiesen. Zum besseren Verständnis der dabei auftretenden Definitionen dienen die folgenden Bemerkungen. Die genauen Definitionen sind in §5 zu finden.

Sei $p: \underline{F} \to \underline{G}$ das Gruppoid der Deformationen eines vorgegebenen kompakten komplexen Raumes X_o. Sei $J_e = (I.,(K_i),(\tilde{K}_i),(K_i'))$ Typ einer erweiterten 2-Panzerung und $q_o = (J_e,(Y_{oi}),(f_{oi}))$ eine erweiterte 2-Panzerung von (X_o,X_o) (vgl. (0.21) und (0.22)). In [21] konstruierte Douady zu jeder Deformation $a = (S,X,\tau)$ von X_o über (S,s_o) einen banachanalytischen Raumkeim $Q(a)$ über S ($Q_S(X)$ bei Douady), dessen Punkte von der Form $(s,(Y_i)_{i\in I},(f_i)_{i\in I})$ sind, so daß $(J_e,(Y_i),(f_i))$ eine erweiterte 2-Panzerung von $(X(s),X(s))$ ist.
Bei geeigneter Wahl des ausgezeichneten Punktes q_o, kann man erreichen, daß $\pi_a: Q(a) \to S$ glatt ist. Nach (0.25) besitzt q_o eine Fortsetzung $\hat{q}_o = (\hat{J}_e,(\hat{Y}_{oi}),(\hat{f}_{oi}))$. Man kann analog zu $Q(a)$ einen banachanalytischen Raumkeim $\hat{Q}(a)$ über S konstruieren, dessen Faser über $s \in S$ aus 2-Panzerungen vom Typ $\hat{J}_e$ von $X(s)$ besteht. Man kann die Konstruktion so einrichten, daß $i(a): \hat{Q}(a) \to Q(a)$, $(s,(\hat{Y}_i)(\hat{f}_i)) \to (s,(\hat{Y}_i \cap K_i),(f_i|\hat{Y}_i \cap K_i))$ ein Morphismus von banachanalytischen Raumkeimen ist, welcher S-kompakt ist (d.h. die relative Tangentialabbildung ist kompakt).

Weiterhin konstruiert Douady in [21] einen banachanalytischen Raumkeim $\mathfrak{Z} = (\mathfrak{Z}, z_o)$ ("espace des puzzles"), dessen Punkte von der Form $z = ((Y_i)_{i\in I}, (g_i^j)_{(i,j)\in J})$ sind, wobei die Y_i wieder privilegierte Unterräume von K_i und $g_i^j\colon Y_j \to \overset{\circ}{Y}_i$ Morphismen sind. Dabei ist $J \subset I\times I$ eine geeignete Teilmenge. Die Y_i, g_i^j müssen gewisse Bedingungen erfüllen, die es gestatten, aus den $Y_i \cap \overset{\circ}{K}{}'_i$, $i \in I_o$ durch Verkleben einen kompakten komplexen Raum $\mathfrak{X}_z$ zu erhalten. Dazu gehört insbesondere eine Gleichung, welche in diesem Zusammenhang der Kozyklenbedingung entspricht. Es ist $z_o = ((Y_{o,i}), (f_{o,i}^{-1} \circ f_{oj}))$. Man erhält $\mathfrak{X} \to \mathfrak{Z}$ mit $\mathfrak{X}(z) = \mathfrak{X}_z$ für $z \in \mathfrak{Z}$ und einen Isomorphismus $\rho\colon X_o \to \mathfrak{X}(O)$. Sei $\mathfrak{A} := (\mathfrak{Z}, \mathfrak{X}, \rho) \in \underline{F}$. Analog zu $\mathfrak{Z}$ konstruiert man einen Raumkeim $\hat{\mathfrak{Z}}$ mit Punkten $((\hat{Y}_i), (\hat{g}_i^j))$, wobei die $\hat{Y}_i$ privilegierte Unterräume von $\hat{K}_i$ sind. Man erhält einen Morphismus $j\colon \hat{\mathfrak{Z}} \to \mathfrak{Z}$, $((\hat{Y}_i), (\hat{g}_i^j)) \mapsto ((\hat{Y}_i \cap K_i), (\hat{g}_i^j | \hat{Y}_j \cap K_j))$. Man kann zeigen, daß j kompakt ist (d.h. die Tangentialabbildung ist kompakt).

Für jedes $a = (S, X, \tau) \in \underline{F}$ sei $\varphi_a\colon Q(a) \to \mathfrak{Z}$ definiert durch $q = (s, (Y_i), (f_i)) \mapsto ((Y_i), (f_i^{-1} \circ f_j)) =: z$. Dann ist $(\pi_a^* X)(q) = X(s) \simeq \mathfrak{X}(\varphi_a(q))$, wobei wie oben $\pi_a\colon Q(a) \to S$ ist. Man erhält einen Morphismus $\bar{\varphi}_a\colon \pi_a^* a \to \mathfrak{A}$. Für jeden Schnitt $\sigma\colon S \to Q(a)$ ist also $\varphi_\sigma := \varphi_a \circ \sigma$ ein Morphismus von S nach $\mathfrak{Z}$ mit $\varphi_\sigma^* \mathfrak{A} = a$, d.h. $\mathfrak{A}$ ist vollständig. Leider kann $\mathfrak{Z}$ im allgemeinen ziemlich pathologisch sein und ist deshalb für den Prozess der am Ende der Einleitung erwähnt wurde nicht geeignet.

Jeder Punkt $q \in Q(a)$ definiert eine Panzerung von $(\pi_a^* X)(q) = X(\pi_a(q))$. Da $\pi_a^* X \simeq \varphi_a^* \mathfrak{X}$ ist, definiert q somit auch eine Panzerung von $\mathfrak{X}(\varphi_a(q))$. Man erhält also einen Morphismus $\psi_a: Q(a) \to Q(\mathfrak{a})$. Dieser faktorisiert über den Kern Z des Doppelpfeiles π, $\varphi_{\mathfrak{a}}: Q(\mathfrak{a}) \rightrightarrows \mathfrak{Z}$. Sei $i: Z \hookrightarrow Q(\mathfrak{a})$ die Inklusion und $\mathfrak{a}_Z := (\pi_a \circ i)^* \mathfrak{a}$. Jeder Schnitt $\sigma: S \to Q(a)$ liefert einen Morphismus $\psi_\sigma := \psi_a \circ \sigma$: $S \to Z$ mit $a \simeq \psi_\sigma^* \mathfrak{a}$, d.h. $\mathfrak{a}_Z$ ist vollständig. Der Raum Z enthält gewissermaßen "alle" Panzerungen von allen kompakten komplexen Räumen "nahe" X_o. Dieses Z erfüllt zwar nicht notwendigerweise die Bedingungen i) - iv) am Ende der Einleitung. Mit Hilfe eines Tricks gelang es Douady in [21] jedoch trotzdem, auf ähnliche Art und Weise mit Z weiterzuarbeiten. Derselbe Trick wird auch beim Beweis des Hauptsatzes verwendet (vgl. (1.30) - (1.35)).

Der Leser möge sich im folgenden für $Q(a)$, φ_a, ψ_a und Z immer die oben erwähnten Räume bzw. Morphismen vorstellen.

(1.1). Im folgenden sei $\underline{F}$ eine Kategorie und $p: \underline{F} \to \underline{G}$ ein Gruppoid (vgl. (0.3)). Für $\bar{f} \in \underline{F}$ wird $p(\bar{f})$ wieder meist mit f bezeichnet. Mit $\underline{L}$ werde die Kategorie bezeichnet, deren Objekte glatte Morphismen $M \to S$ zwischen banachanalytischen Raumkeimen und deren Morphismen Paare von Morphismen in $\underline{G}$ sind, so daß die entstehenden Diagramme

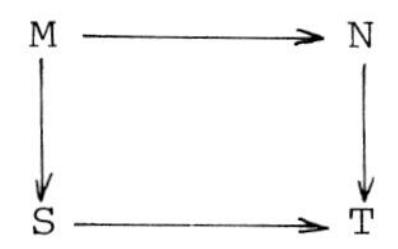

kartesisch sind. Man erhält ein Gruppoid

$$q: \underline{L} \to \underline{G} .$$

(1.2). Im folgenden sei $\tilde{Q}: \underline{F} \to \underline{L}$ ein kovarianter Funktor mit $p = q \circ \tilde{Q}$. Für $\tilde{Q}(a)$ wird dann immer $\pi_a: Q(a) \to p(a)$ geschrieben. Falls keine Mißverständnisse zu befürchten sind, wird statt π_a nur π geschrieben. Für $\bar{f}: a \to b$ sei $Q(\bar{f})$ immer der zu $\tilde{Q}(\bar{f})$ gehörige Morphismus $Q(a) \to Q(b)$. Der Morphismus $\tilde{Q}(\bar{f})$ wird also durch

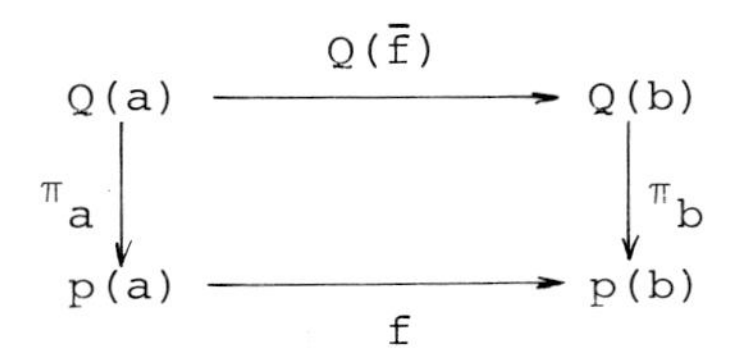

gegeben.

(1.3) Definition (des Funktors $\pi^*: \underline{F} \to \underline{F}$). Für alle $a \in \underline{F}$ sei

$$\pi^*a := \pi_a^*a \ .$$

Ist $\bar{f}: a \to b$ ein Morphismus, so sei

$$\pi^*\bar{f} := (\bar{f}\circ\bar{\pi}_a, Q(\bar{f}), \bar{\pi}_b)$$

(vgl. (0.4)), das heißt, $\pi^*\bar{f}$ ist durch

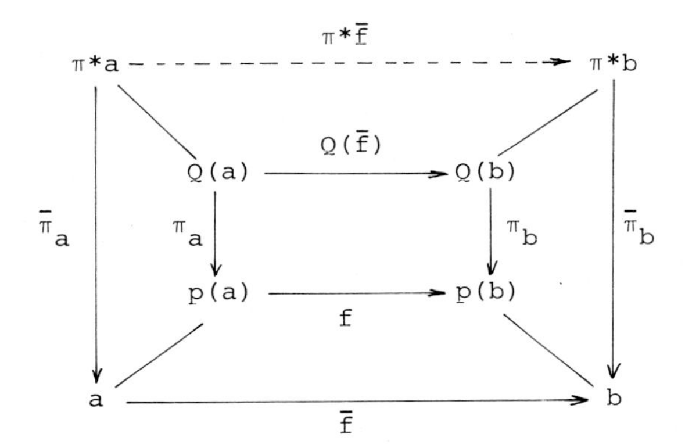

gegeben.

Beweis (daß π^* ein Funktor ist). Sei $\bar{g}: b \to c$ ein weiterer Morphismus. Mit (0.5) folgt:

$$\pi^*\bar{g} \circ \pi^*\bar{f} = (\bar{g}\circ\bar{\pi}_b, Q(\bar{g}), \bar{\pi}_c) \circ (\bar{f}\circ\bar{\pi}_a, Q(\bar{f}), \bar{\pi}_a) =$$

$$= (\bar{g}\circ\bar{\pi}_b, Q(\bar{g}), \bar{\pi}_c) \circ (\bar{g}\circ\bar{f}\circ\bar{\pi}_a, Q(\bar{f}), \bar{g}\circ\bar{\pi}_b) = (\bar{g}\circ\bar{f}\circ\bar{\pi}_a, Q(\bar{g}\circ\bar{f}), \bar{\pi}_c) =$$

$$= \pi^*(\bar{g}\circ\bar{f}) .$$

Bemerkungen.

1) Sei $q \in Q(a)$ ein verallgemeinerter Punkt (vgl. (0.10)) und $s := \pi_a(q)$. Dann gilt

$$(\pi^*a)(q) = a(s) \quad \text{und} \quad (\pi^*\bar{f})(q) = \bar{f}(s) .$$

2) Es gilt $\bar{\pi}_b \circ \pi^*\bar{\pi}_b = \bar{\pi}_b \circ \bar{\pi}_{\pi^* b}$ (dies ist der Fall $\bar{f} = \bar{\pi}_b$).

(1.4) Definition (von $\bar{\sigma}$ und $\bar{f}^*\sigma$). Seien $a, b \in \underline{F}, \bar{f}: a \to b$ und $\sigma: p(b) \to Q(b)$ ein Schnitt. Es wird gesetzt

$$\bar{\sigma} := (id_b, \sigma, \bar{\pi}_b),$$

das heißt, $\bar{\sigma}$ liegt über σ und $\bar{\pi}_b \circ \bar{\sigma} = id_b$.

Mit $\bar{f}^*\sigma$ wird der durch

$$\pi_a \circ \bar{f}^*\sigma = id_{p(a)}$$

$$Q(\bar{f}) \circ \bar{f}^*\sigma = \sigma \circ f$$

definierte Schnitt bezeichnet. Man betrachte dazu

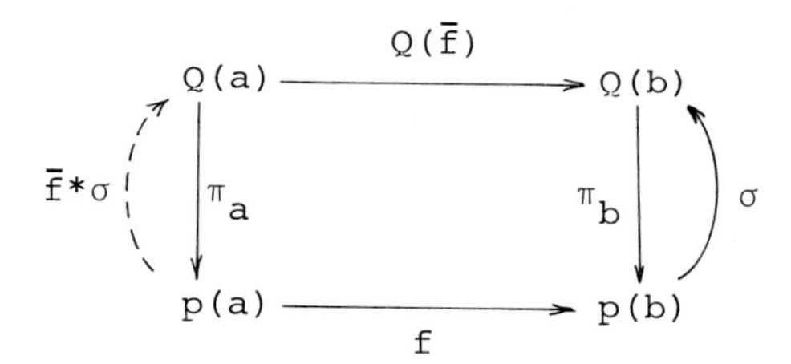

(1.5) Satz. Sei $\bar{f}: a \to b$ ein Morphismus und $\sigma: p(b) \to Q(b)$ ein Schnitt. Dann gilt

$$\pi^*\bar{f} \circ \overline{\bar{f}^*\sigma} = \bar{\sigma} \circ \bar{f}.$$

Beweis. Es ist

$$\pi^*\bar{f} \circ \overline{\bar{f}^*\sigma} = (\bar{f} \circ \bar{\pi}_a, Q(\bar{f}), \bar{\pi}_b) \circ (id_a, \bar{f}^*\sigma, \bar{\pi}_a) =$$

$$= (\bar{f} \circ \bar{\pi}_a, Q(\bar{f}), \bar{\pi}_b) \circ (\bar{f}, \bar{f}^*\sigma, \bar{f} \circ \bar{\pi}_a) =$$

$$= (\bar{f}, Q(\bar{f}) \circ \bar{f}^*\sigma, \bar{\pi}_b) = (\bar{f}, \sigma \circ f, \bar{\pi}_b) = \bar{\sigma} \circ \bar{f}$$

(vgl. (0.5)).

(1.6) Definition. Eine Darstellung von $p: \underline{F} \to \underline{G}$ ist ein Tripel $(\mathfrak{a}, \tilde{Q}, (\bar{\varphi}_a)_{a \in \underline{F}})$, wobei

$\mathfrak{a} \in \underline{F}$,

$\tilde{Q}: \underline{F} \to \underline{L}$ ein kovarianter Funktor mit $q \circ \tilde{Q} = p$ und

für jedes $a \in \underline{F}$ $\bar{\varphi}_a: \pi_a^* a \to \mathfrak{a}$ ein Morphismus ist,

so daß für alle Morphismen $\bar{f}: a \to b$ in $\underline{F}$ das Diagramm

(D) 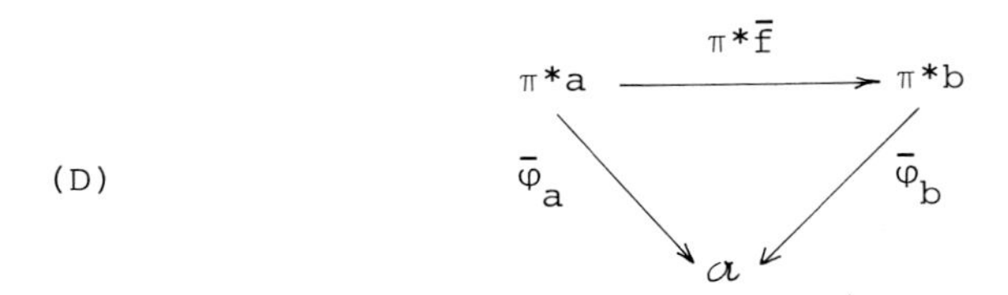

kommutiert.

Bezeichnung. $\mathfrak{z} := p(\mathfrak{a})$.

Definition. Eine Darstellung heißt trivial, wenn für alle $a \in \underline{F}$ $\tilde{Q}(a) = (\mathrm{id}: p(a) \to p(a))$ ist.

(1.7) Bemerkungen.

1) Aus (D) folgt $\varphi_b \circ Q(\bar{f}) = \varphi_a$.

2) $\mathfrak{a}$ ist vollständig (für jeden Schnitt $\sigma: p(a) \to Q(a)$ ist $\bar{\varphi}_a \circ \bar{\sigma}: a \to \mathfrak{a}$).

3) Für (jedes) a_o über $0 \in \underline{G}$ ist $Q(a) \simeq Q(a_o) \times p(a)$.

(1.8) Satz. Für jedes $a \in \underline{F}$ existiert ein eindeutig bestimmter Schnitt $\sigma_a: Q(a) \to Q(\pi^* a)$ mit

i) $\pi_{\pi^* a} \circ \sigma_a = \mathrm{id} = Q(\bar{\pi}_a) \circ \sigma_a$

ii) $\bar{\pi}_{\pi^* a} \circ \bar{\sigma}_a = \mathrm{id} = \pi^* \bar{\pi}_a \circ \bar{\sigma}_a$

<u>Beweis.</u> Durch

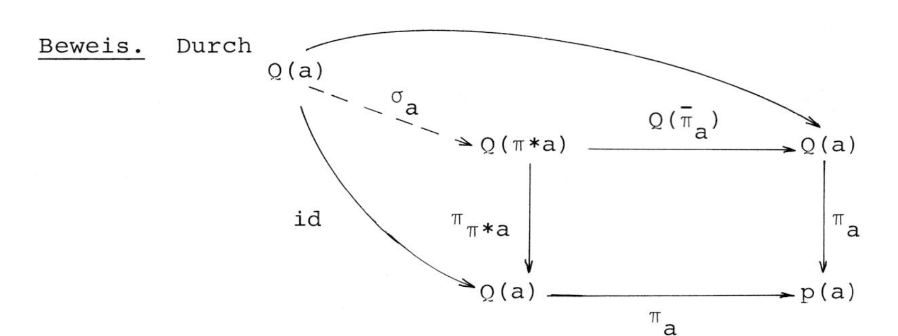

erhält man σ_a, so daß i) gilt. Für den Morphismus $\bar{\sigma}_a$ (vgl. (1.4)) gilt dann $\bar{\pi}_{\pi*a} \circ \bar{\sigma}_a = \mathrm{id}$. Mit (1.3) und (0.5) folgt

$$\bar{\sigma}_a = (\mathrm{id}_{\pi*a}, \sigma_a, \bar{\pi}_{\pi*a}) = (\bar{\pi}_a, \sigma_a, \bar{\pi}_a \circ \bar{\pi}_{\pi*a}) =$$

$$= (\bar{\pi}_a, \sigma_a, \bar{\pi}_a \circ \pi*\bar{\pi}_a) = (\mathrm{id}_{\pi*a}, \sigma_a, \pi*\bar{\pi}_a).$$

Daraus folgt die Behauptung.

<u>(1.9) Satz.</u> Sei $\bar{f}: a \to b$ ein Morphismus. Dann gilt

$$Q(\pi*\bar{f}) \circ \sigma_a = \sigma_b \circ Q(\bar{f}).$$

<u>Beweis.</u> Sei $\varphi := Q(\pi*\bar{f}) \circ \sigma_a$ und $\psi := \sigma_b \circ Q(\bar{f})$. Man betrachte das Diagramm (die Indizes an π werden weggelassen)

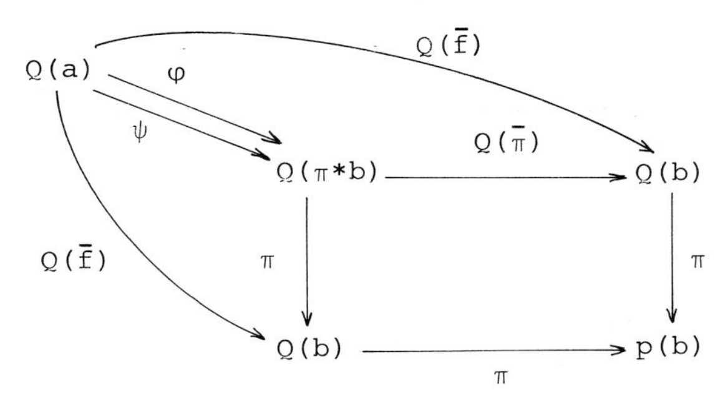

Mit (1.3) und (1.8) folgt

$$Q(\bar{\pi})\circ\varphi = Q(\bar{\pi})\circ Q(\pi*\bar{f})\circ\sigma_a = Q(\bar{f})\circ Q(\bar{\pi})\circ\sigma_a = Q(\bar{f}),$$
$$\pi\circ\varphi = \pi\circ Q(\pi*\bar{f})\circ\sigma_a = Q(\bar{f})\circ\pi\circ\sigma_a = Q(\bar{f}),$$

sowie

$$Q(\bar{\pi})\circ\psi = Q(\bar{\pi})\circ\sigma_b\circ Q(\bar{f}) = Q(\bar{f}) \qquad \text{und}$$
$$\pi\circ\psi = \pi\circ\sigma_b\circ Q(\bar{f}) = Q(\bar{f}).$$

Damit ergibt sich die Behauptung.

<u>(1.10) Satz.</u> Sei $\sigma\colon p(a)\to Q(a)$ ein Schnitt, dann gilt

i) $Q(\bar{\sigma})\circ\sigma = \sigma_a\circ\sigma$

ii) $\pi*\bar{\sigma}\circ\bar{\sigma} = \bar{\sigma}_a\circ\bar{\sigma}$.

<u>Beweis.</u> Mit (1.4) und (1.8) folgt

$$Q(\bar{\pi}_a)\circ Q(\bar{\sigma})\circ\sigma = \sigma = Q(\bar{\pi}_a)\circ\sigma_a\circ\sigma$$

und

$$\pi_{\pi*a}\circ Q(\bar{\sigma})\circ\sigma = \sigma\circ\pi_a\circ\sigma = \sigma = \pi_{\pi*a}\circ\sigma_a\circ\sigma$$

Wie im Beweis des letzten Satzes folgt jetzt (da $Q(\pi*a) = Q(a)\times_{p(a)}Q(a)$ ist) die Behauptung i) . Nach i) ist $\sigma = \bar{\sigma}*\sigma_a$. Damit ergibt sich ii) aus (1.5).

<u>(1.11) Satz.</u> Für alle $a\in \underline{F}$ gilt

i) $\varphi_{\pi*a}\circ\sigma_a = \varphi_a$

ii) $\bar{\varphi}_{\pi*a}\circ\bar{\sigma}_a = \bar{\varphi}_a$.

<u>Beweis.</u> Es genügt ii) zu beweisen. Dazu betrachte man das Diagramm

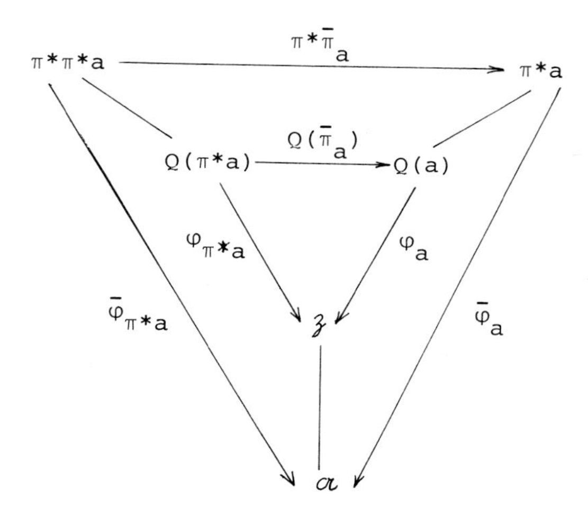

Mit (D) und (1.8) folgt

$$\bar{\varphi}_{\pi^*a} \circ \bar{\sigma}_a = \bar{\varphi}_a \circ \pi^*\bar{\pi}_a \circ \bar{\sigma}_a = \bar{\varphi}_a \ .$$

<u>(1.12).</u> Ab jetzt (bis (1.37)) seien die folgenden Voraussetzungen erfüllt: In $\underline{F}$ existieren Kerne von Doppelpfeilen und für jeden Kern von Doppelpfeilen $\bar{i}: c \to a$ ist der unter $\bar{i}$ liegende Morphismus in $\underline{G}$ eine Einbettung.

<u>Bezeichnungen.</u> Mit $\bar{\kappa}: \mathfrak{a}_Z \to \pi^*\mathfrak{a}$ werde der Kern des Doppelpfeiles

$$\pi^*\mathfrak{a} \underset{\bar{\varphi}_{\mathfrak{a}}}{\overset{\bar{\pi}}{\rightrightarrows}} \mathfrak{a}$$

bezeichnet und es sei

$$Z := p(\mathfrak{a}_Z) \quad \text{und} \quad \sigma_Z := \bar{\kappa}^*\sigma_{\mathfrak{a}} \qquad (= \sigma_{\mathfrak{a}}|Z).$$

Für jedes $a \in \underline{F}$ wird

$$\bar{\psi}_a : \pi^*a \to \pi^*\mathfrak{a}$$

durch

$$\bar{\psi}_a := \pi^*\bar{\varphi}_a \circ \bar{\sigma}_a$$

definiert (man betrachte dazu das Diagramm im nächsten Satz).

<u>(1.13) Satz.</u> Für alle $a \in \underline{F}$ gilt

$$\overline{\pi}_{\mathfrak{a}} \circ \overline{\psi}_a = \overline{\varphi}_a = \overline{\varphi}_{\mathfrak{a}} \circ \overline{\psi}_{\mathfrak{a}} .$$

<u>Folgerung.</u> Man kann $\overline{\psi}_a$ auffassen als Morphismus nach $\mathfrak{a}_Z$.

<u>Beweis</u> (des Satzes). Man betrachte dazu das Diagramm

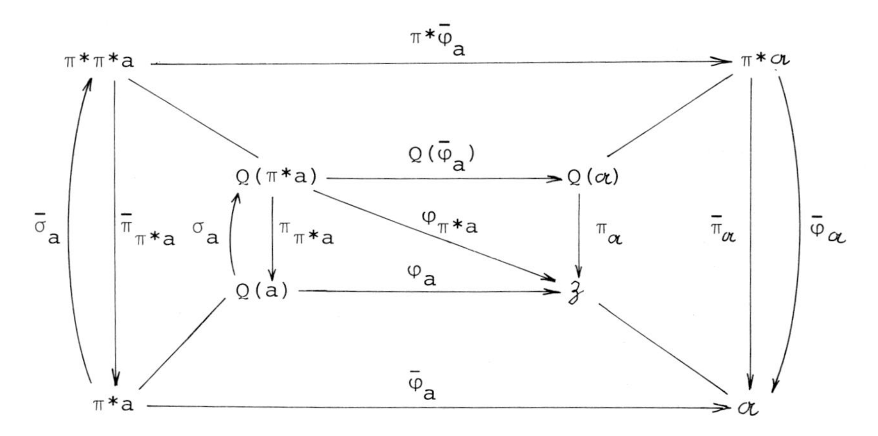

Mit (1.3) und (1.8) folgt

$$\overline{\pi}_{\mathfrak{a}} \circ \overline{\psi}_a = \overline{\pi}_{\mathfrak{a}} \circ \pi^*\overline{\varphi}_a \circ \overline{\sigma}_a = \overline{\varphi}_a \circ \overline{\pi}_{\pi^*a} \circ \overline{\sigma}_a = \overline{\varphi}_a$$

und mit (D) und (1.11) folgt

$$\overline{\varphi}_{\mathfrak{a}} \circ \overline{\psi}_a = \overline{\varphi}_{\mathfrak{a}} \circ \pi^*\overline{\varphi}_a \circ \overline{\sigma}_a = \overline{\varphi}_{\pi^*a} \circ \overline{\sigma}_a = \overline{\varphi}_a .$$

<u>(1.14) Bezeichnungen.</u> Für jeden Schnitt $\sigma\colon p(a) \to Q(a)$ sei

$$\overline{\varphi}_\sigma := \overline{\varphi}_a \circ \overline{\sigma}$$

und

$$\overline{\psi}_\sigma := \overline{\psi}_a \circ \overline{\sigma} .$$

<u>(1.15) Bemerkung.</u> $\mathfrak{a}_Z$ ist vollständig (für jeden Schnitt $\sigma\colon p(a) \to Q(a)$ ist $\bar{\psi}_\sigma\colon a \to \mathfrak{a}_Z$).

<u>(1.16) Satz.</u> Sei $\bar{f}\colon a \to b$ ein Morphismus, $\sigma\colon p(b) \to Q(b)$ ein Schnitt und $\mu := \bar{f}^*\sigma$. Dann gilt

$$\bar{\varphi}_\mu = \bar{\varphi}_\sigma \circ \bar{f}$$

und

$$\varphi_\mu = \varphi_\sigma \circ f .$$

<u>Beweis.</u> Es genügt die erste Gleichung zu beweisen. Dazu betrachte man das Diagramm

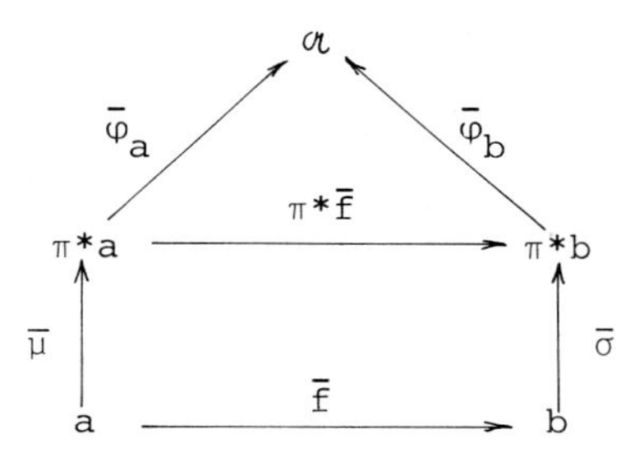

Wegen (D) ist das Dreieck und wegen (1.5) das Rechteck kommutativ. Daraus ergibt sich die Behauptung.

<u>(1.17) Satz.</u> Sei $\bar{f}\colon a \to b$ ein Morphismus. Dann gilt

$$\psi_b \circ Q(\bar{f}) = \psi_a$$

und

$$\bar{\psi}_b \circ \pi^*\bar{f} = \bar{\psi}_a .$$

<u>Beweis.</u> Es genügt die zweite Gleichung zu beweisen. Dazu betrachte man das Diagramm

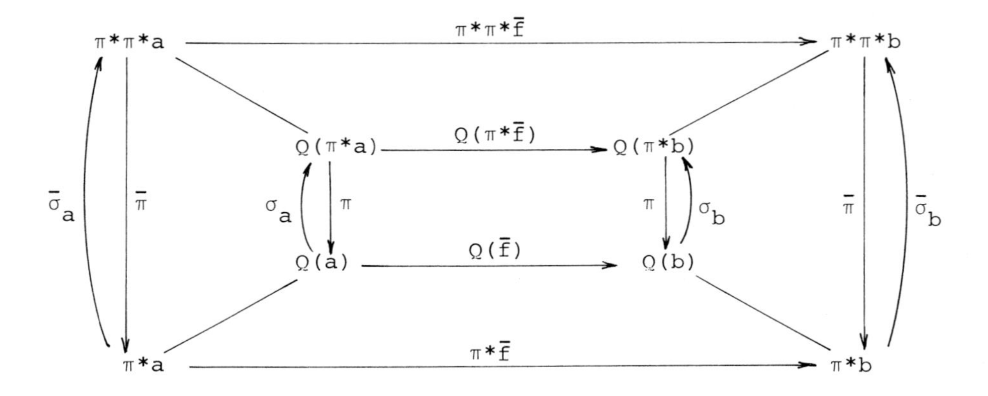

Nach (1.9) ist $\sigma_a = (\pi^*\bar{f})^*\sigma_b$ und damit nach (1.5)

$$\text{(i)} \quad \pi^*\pi^*\bar{f} \circ \bar{\sigma}_a = \bar{\sigma}_b \circ \pi^*\bar{f} \ .$$

Außerdem folgt mit (D)

$$\text{(ii)} \quad \pi^*\bar{\varphi}_a = \pi^*(\bar{\varphi}_b \circ \pi^*\bar{f}) = \pi^*\bar{\varphi}_b \circ \pi^*\pi^*\bar{f} \ .$$

Mit (i) und (ii) ergibt sich jetzt

$$\bar{\psi}_a = \pi^*\bar{\varphi}_a \circ \bar{\sigma}_a = \pi^*\bar{\varphi}_b \circ \pi^*\pi^*\bar{f} \circ \bar{\sigma}_a = \pi^*\bar{\varphi}_b \circ \bar{\sigma}_b \circ \pi^*\bar{f} = \bar{\psi}_b \circ \pi^*\bar{f} \ .$$

<u>(1.18) Satz.</u> Es gilt (vgl. (1.12))

$$\bar{\psi}_{\mathfrak{a}} \circ \bar{\kappa} = \bar{\kappa} \ .$$

<u>Beweis.</u> Mit (1.5) und (1.8) folgt

$$\bar{\psi}_{\mathfrak{a}} \circ \bar{\kappa} = \pi^*\bar{\varphi}_{\mathfrak{a}} \circ \bar{\sigma}_{\mathfrak{a}} \circ \bar{\kappa} = \pi^*\bar{\varphi}_{\mathfrak{a}} \circ \pi^*\bar{\kappa} \circ \bar{\sigma}_Z = \pi^*(\bar{\varphi}_{\mathfrak{a}} \circ \bar{\kappa}) \circ \bar{\sigma}_Z = \pi^*(\bar{\pi}_{\mathfrak{a}} \circ \bar{\kappa}) \circ \bar{\sigma}_Z =$$
$$= \pi^*\bar{\pi}_{\mathfrak{a}} \circ \pi^*\bar{\kappa} \circ \bar{\sigma}_Z = \pi^*\bar{\pi}_{\mathfrak{a}} \circ \bar{\sigma}_{\mathfrak{a}} \circ \bar{\kappa} = \bar{\kappa} \ .$$

<u>(1.19) Satz.</u> Für alle $a \in \underline{F}$ gilt

$$\bar{\psi}_{\pi^*a} \circ \bar{\sigma}_a = \bar{\psi}_a \ .$$

Beweis. Mit (1.10) und (1.11) erhält man

$$\bar{\psi}_{\pi^*a} \circ \bar{\sigma}_a = \pi^*\bar{\varphi}_{\pi^*a} \circ \bar{\sigma}_{\pi^*a} \circ \bar{\sigma}_a = \pi^*\bar{\varphi}_{\pi^*a} \circ \pi^*\bar{\sigma}_a \circ \bar{\sigma}_a = \pi^*\bar{\varphi}_a \circ \bar{\sigma}_a = \bar{\psi}_a \;.$$

(1.20) Satz. Es gilt (als Abbildungen nach $\mathfrak{a}_Z$ (vgl. 1.13))

$$\bar{\psi}_{\mathfrak{a}_Z} \circ \bar{\sigma}_Z = \mathrm{id}_{\mathfrak{a}_Z} \;.$$

Beweis. Mit (1.17), der Definition von σ_Z in Verbindung mit (1.5) sowie (1.19) und (1.18) folgt

$$\bar{\psi}_{\mathfrak{a}_Z} \circ \bar{\sigma}_Z = \bar{\psi}_{\pi^*\mathfrak{a}} \circ \pi^*\bar{\kappa} \circ \bar{\sigma}_Z = \bar{\psi}_{\pi^*\mathfrak{a}} \circ \bar{\sigma}_{\mathfrak{a}} \circ \bar{\kappa} = \bar{\psi}_{\mathfrak{a}} \circ \bar{\kappa} = \bar{\kappa} = \mathrm{id}_{\mathfrak{a}_Z} \;.$$

(1.21) Satz. Sei $\bar{h}: a \to \mathfrak{a}_Z$ ein Morphismus und $\sigma := \bar{h}^*\sigma_Z$. Dann gilt

$$\bar{h} = \bar{\psi}_\sigma \;.$$

Beweis. Mit (1.20), (1.5), (1.17) sowie (1.14) folgt

$$\bar{h} = \bar{\psi}_{\mathfrak{a}_Z} \circ \bar{\sigma}_Z \circ \bar{h} = \bar{\psi}_{\mathfrak{a}_Z} \circ \pi^*\bar{h} \circ \bar{\sigma} = \bar{\psi}_a \circ \bar{\sigma} = \bar{\psi}_\sigma \;.$$

(1.22) Satz. Sind $\bar{f}_1, \bar{f}_2: a \to \mathfrak{a}_Z$ zwei Morphismen in $\underline{F}$, so existiert ein Morphismus $\bar{g}: a \to \pi^*\mathfrak{a}_Z$, der das Diagramm

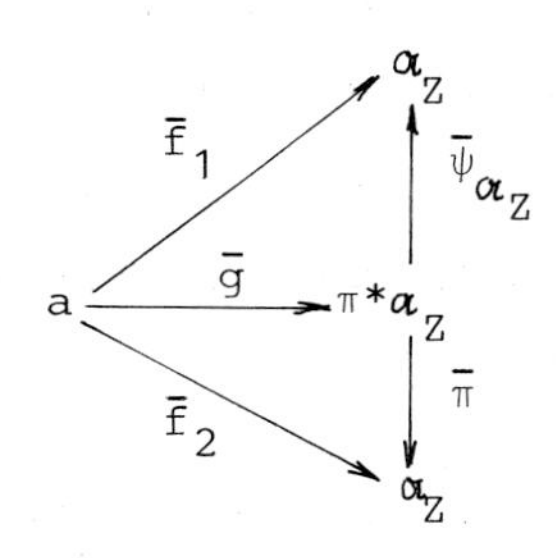

kommutativ macht.

Nach (1.21) existieren Schnitte $\sigma_1, \sigma_2 : p(a) \to Q(a)$, so daß $\bar{f}_1 = \bar{\psi}_{\sigma_1}$ und $\bar{f}_2 = \bar{\psi}_{\sigma_2}$ ist. Man betrachte jetzt das Diagramm

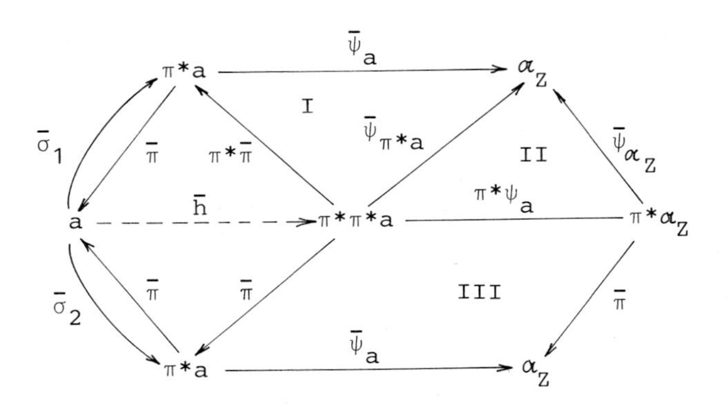

Durch $\bar{\sigma}_1$ und $\bar{\sigma}_2$ wird ein Morphismus $\bar{h}: a \to \pi^*\pi^*a$ definiert mit $\pi^*\bar{\pi} \circ \bar{h} = \bar{\sigma}_1$ und $\bar{\pi} \circ \bar{h} = \bar{\sigma}_2$ (vgl. (0.7)). Sei $\bar{g} := \pi^*\bar{\psi}_a \circ \bar{h}$. Mit (1.17) folgt die Kommutativität von I und II. Aus (1.3) folgt die Kommutativität von III. Damit erhält man

$$\bar{\psi}_{\alpha_Z} \circ \bar{g} = \bar{\psi}_{\alpha_Z} \circ \pi^*\bar{\psi}_a \circ \bar{h} = \bar{\psi}_a \circ \pi^*\bar{\pi} \circ \bar{h} = \bar{\psi}_a \circ \bar{\sigma}_1 = \bar{\psi}_{\sigma_1} = \bar{f}_1$$

und

$$\bar{\pi} \circ \bar{g} = \bar{\pi} \circ \pi^*\bar{\psi}_a \circ \bar{h} = \bar{\psi}_a \circ \bar{\pi} \circ \bar{h} = \bar{\psi}_a \circ \bar{\sigma}_2 = \bar{\psi}_{\sigma_2} = \bar{f}_2 .$$

<u>(1.23) Definition.</u> Die Darstellung $(\alpha, \tilde{Q}, (\bar{\varphi}_a)_{a \in \underline{F}})$ heißt kompakt fortsetzbar, wenn eine weitere Darstellung $(\hat{\alpha}, \tilde{\hat{Q}}, (\hat{\bar{\varphi}}_a)_{a \in \underline{F}})$, eine natürliche Transformation $i: \hat{Q} \to Q$ und ein Morphismus $j: \hat{\mathfrak{z}} := p(\hat{\alpha}) \to \mathfrak{z}$ existieren, derart daß für alle $a \in \underline{F}$ gilt:

Kf 1) $\hat{\pi}_a = \pi_a \circ i(a)$.

Kf 2) $i(a): \hat{Q}(a) \to Q(a)$ ist $p(a)$-kompakt.

Kf 3) j ist kompakt.

Kf 4) $j \circ \hat{\varphi}_a = \varphi_a \circ i(a)$.

Bezeichnungsmißbrauch. Statt $i(a)$ wird meist nur i geschrieben.

(1.24). Sei $a_o \in \underline{F}$ ein Element über $O \in \underline{G}$, $Q_o := Q(a_o)$, $\bar{\varphi}_o := \bar{\varphi}_{a_o}$, $\bar{\sigma}_o := \bar{\sigma}_{a_o}$ und $\bar{\psi}_o := \bar{\psi}_{a_o}$. Da

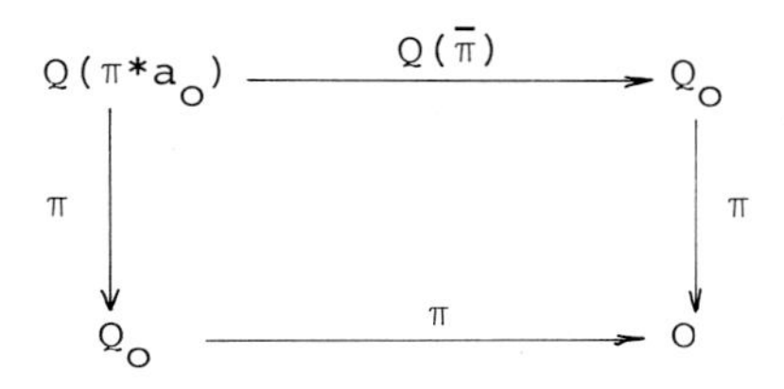

kartesisch ist, erhält man einen eindeutig bestimmten Isomorphismus

$$\beta\colon Q_o \times Q_o \to Q(\pi^*a_o)$$

mit $\pi \circ \beta = pr_1$ und $Q(\bar{\pi}) \circ \beta = pr_2$. Im folgenden wird $Q(\pi^*a_o)$ stets (vermöge β) mit $Q_o \times Q_o$ identifiziert.

Sei $\hat{\sigma}\colon \mathfrak{z} \to Q(\mathfrak{a})$ ein Schnitt und $\sigma := i \circ \hat{\sigma}\colon \mathfrak{z} \to Q(\mathfrak{a})$. Man kann einen Isomorphismus

$$(\pi_{\mathfrak{a}}, q)\colon Q(\mathfrak{a}) \to \mathfrak{z} \times Q_o$$

über $\mathfrak{z}$ wählen (vgl. (1.7)), so daß

$$q \circ \sigma = 0 \quad \text{und} \quad (\pi_{\mathfrak{a}}, q)^{-1} | O \times Q_o = Q(\bar{\varphi}_o) | O \times Q_o$$

ist. Sei $\bar{k}$ ein Morphismus von a_o nach $\mathfrak{a}_Z$ ($\mathfrak{a}_Z$ ist vollständig!). Man kann dann einen Isomorphismus

$$\gamma\colon Z \times Q_o \to Q(\mathfrak{a}_Z)$$

über Z wählen, mit

$$\gamma | Z \times O = \sigma_Z \quad \text{und} \quad \gamma | O \times Q_O = Q(\bar{k}) .$$

Sei jetzt

$$\omega := \psi_{\alpha_Z} \circ \gamma \quad \text{und} \quad \delta := \omega | O \times Q_O \ .$$

(1.25) Satz. Seien $f_1, f_2 : S \to Z$ zwei Morphismen in $\underline{G}$. Dann sind äquivalent:

i) Es existiert ein Isomorphismus $f_1^*\alpha_Z \simeq f_2^*\alpha_Z$ über S .

ii) Es existiert ein Morphismus $h: S \to Q_O$, so daß

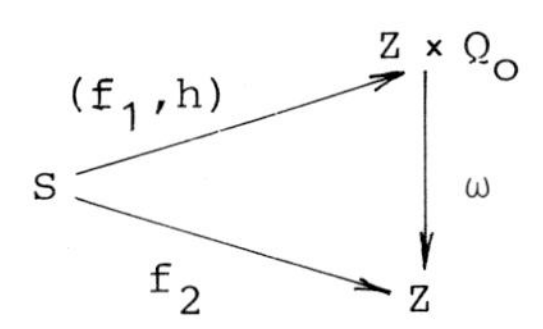

kommutiert.

Beweis. Aus i) folgt ii): Dies ergibt sich unmittelbar aus (1.22). Aus ii) folgt i): Setzt man $g := \gamma \circ (f_1, h)$, so erhält man $f_1 = \pi_{\alpha_Z} \circ g$ und $f_2 = \psi_{\alpha_Z} \circ g$. Wegen $\pi^*\alpha_Z = \psi^*_{\alpha_Z}\alpha_Z$ (vgl. (1.13)) folgt die Behauptung.

(1.26) Satz. Es gilt

$$\omega | Z \times O = \mathrm{id}_Z .$$

Beweis. Dies folgt mit der Definition von ω sofort aus (1.20).

(1.27) Satz. $\mathfrak{a}_Z$ ist versell.

Beweis. Seien $\bar{h}: a' \to \mathfrak{a}_Z$ und $\bar{k}: a' \to a$ Morphismen, $k := p(\bar{k})$ sei eine Einbettung.

Nach (1.21) existiert ein Schnitt $\sigma': p(a') \to Q(a')$ mit $\bar{h} = \bar{\psi}_{\sigma'}$. Da $Q(a)$ glatt über $p(a)$ und

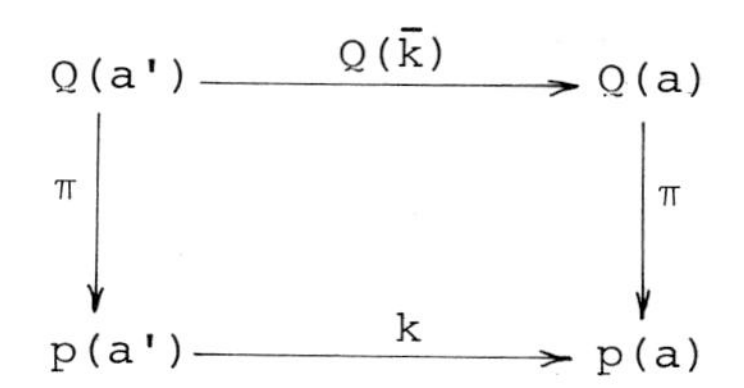

kartesisch ist, läßt sich σ' zu einem Schnitt $\sigma: p(a) \to Q(a)$ fortsetzen (d.h. $Q(\bar{k}) \circ \sigma' = \sigma \circ k$).

Mit (1.17) und (1.5) folgt

$$\bar{h} = \bar{\psi}_{\sigma'} = \bar{\psi}_{a'} \circ \bar{\sigma}' = \bar{\psi}_a \circ \pi^*\bar{k} \circ \bar{\sigma}' = \bar{\psi}_a \circ \bar{\sigma} \circ \bar{k} = \bar{\psi}_\sigma \circ \bar{k}.$$

Das heißt, $\mathfrak{a}_Z$ ist versell.

(1.28) Satz (Douady). Seien $\Sigma_1, \Sigma_2, H \in \underline{G}$ glatt. Dabei seien Σ_1 und H Unterkeime von Σ_2 derart, daß Σ_1 endliche Kodimensionen hat und

$$T_oH \oplus T_o\Sigma_1 = T_o\Sigma_2$$

ist. Sei Y ein weiterer Unterkeim von Σ_2, der Σ_1 umfaßt, $R := H \cap Y$ und

$$\phi: \Sigma_1 \times R \to Y$$

ein Morphismus, der auf $\Sigma_1 \times O$ und auf $O \times R$ die Identität induziert.

Behauptung. ϕ ist ein Isomorphismus.

Beweis. Siehe [21] VII.7.

(1.29) Bemerkung. Die Menge der Isomorphieklassen von Elementen aus $\underline{F}$, die über dem Doppelpunkt liegen, ist

$$Ex^1(O) := T_O Z / \mathrm{Im} T_O \delta .$$

(1.30) Satz. Es existiere eine Einbettung $k: Z \hookrightarrow E$ in einen Banachraum E derart, daß $T_O(k \circ \delta)$ direkt und $\mathrm{Im} T_O(k \circ \delta)$ endlichkodimensional ist.

Behauptung. Es existiert ein semiuniverselles Objekt, das über einem endlichdimensionalen Raumkeim liegt.

Beweis. Z wird als Unterraum von E aufgefaßt.

Sei Σ ein glatter Unterkeim von Q_O mit

$$T_O \Sigma \oplus \mathrm{Ker} T_O \delta = T_O Q_O ,$$

$r: E \to \delta(\Sigma)$ eine Retraktion und $R := r^{-1}(O) \cap Z$.

1. Zwischenbehauptung. $\omega: R \times \Sigma \to Z$ ist ein Isomorphismus.

Beweis davon. Sei $\tilde{\omega}: R \times \delta(\Sigma) \to Z$ definiert durch $\tilde{\omega} := \omega \circ (\mathrm{id} \times \delta^{-1})$. Mit (1.26) folgt, daß die Beschränkung von $\tilde{\omega}$ auf jeden Faktor die Identität ist und damit mit (1.28) die Zwischenbehauptung.

2. Zwischenbehauptung. $\alpha_R := \alpha_Z | R$ ist vollständig und effektiv.

Beweis dazu. Sei $a \in \underline{F}$. Da α_Z vollständig ist (vgl. (1.15)), existiert ein Morphismus $\bar{f}: a \to \alpha_Z$. Sei $g := pr_R \circ \omega^{-1} \circ f$ und $h := pr_\Sigma \circ \omega^{-1} \circ f$. Damit gilt

$$\omega \circ (g,h) = f ,$$

und deshalb nach (1.25)

$$g^*\alpha_R \simeq f^*\alpha_Z = a.$$

Der zweite Teil der Behauptung ergibt sich aus

$$T_o R = Ex^1(O).$$

3. Zwischenbehauptung. α_R ist semiuniversell.

Beweis dazu. Man betrachte das Diagramm

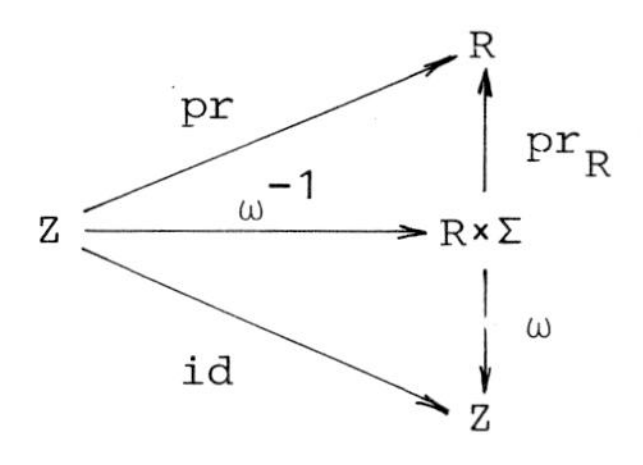

,

wobei $pr := pr_R \circ \omega^{-1}$ ist. Aus (1.25) folgt $pr^*\alpha_R \simeq \alpha_Z$. Sei $\overline{pr}: \alpha_Z \to \alpha_R$ ein Morphismus mit $p(\overline{pr}) = pr$, $\iota: R \hookrightarrow Z$ die Inklusion und

$$\bar{\iota} := (id_{\alpha_R}, \iota, \overline{pr})$$

(vgl. (O.4)). Seien $\bar{f}: a' \to \alpha_R$ und $\bar{k}: a' \to a$ Morphismen derart, daß $p(\bar{k})$ eine Einbettung ist.

Nach (1.27) existiert ein Morphismus $\bar{h}: a \to \mathfrak{a}_Z$, mit $\bar{h} \circ \bar{k} = \bar{\iota} \circ \bar{f}$. Dann folgt

$$(\overline{pr} \circ \bar{h}) \circ \bar{k} = \overline{pr} \circ (\bar{h} \circ \bar{k}) = \overline{pr} \circ \bar{\iota} \circ \bar{f} = \bar{f}$$

und damit die Behauptung.

<u>(1.31) Satz.</u> Die Abbildung $id - T_o(q \circ \delta)$, von $T_o Q_o$ nach $T_o Q_o$, ist kompakt.

<u>Beweis.</u> Aus der Definition von δ und (1.17) folgt

$$\delta = \psi_{\mathfrak{a}_Z} \circ \gamma \mid O \times Q_o = \psi_{\mathfrak{a}_Z} \circ Q(\bar{k}) = \psi_o \qquad (*)$$

und damit

$$\pi_{\mathfrak{a}} \circ \delta = \varphi_o \qquad \text{(vgl. (1.13))}.$$

Man betrachte das Diagramm

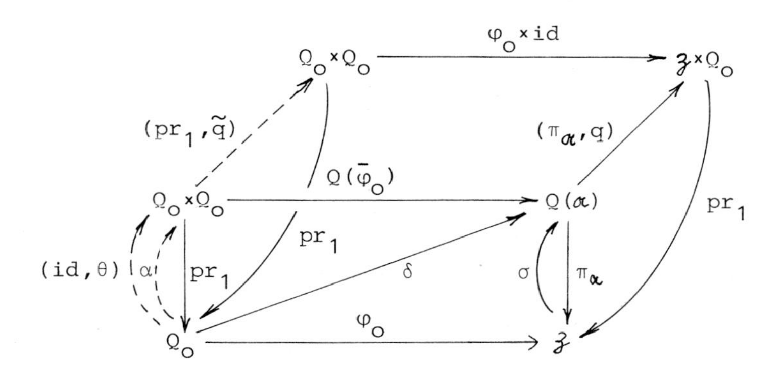

Dabei seien $(pr_1, \tilde{q}), \alpha$ bzw. (id, θ) die von $(\pi_{\mathfrak{a}}, q), \delta$ bzw. von σ induzierten Morphismen.

Seien $i_1: Q_o \times O \to Q_o \times Q_o$ und $i_2: O \times Q_o \to Q_o \times Q_o$ die Injektionen.

Es werden der Reihe nach die folgenden Zwischenbehauptungen gezeigt:

(a) $\alpha = (\mathrm{id},\mathrm{id}) =: \Delta$.

(b) $\tilde{q} \mid O \times Q_o = \mathrm{id}$.

(c) $T_o\theta = -T_o(\tilde{q} \circ i_1)$.

(d) $T_o(q \circ \delta) = \mathrm{id} - T_o\theta$.

(e) $T_o\theta$ ist kompakt.

Damit ist dann der Satz bewiesen.

<u>Beweis von (a).</u> Man betrachte

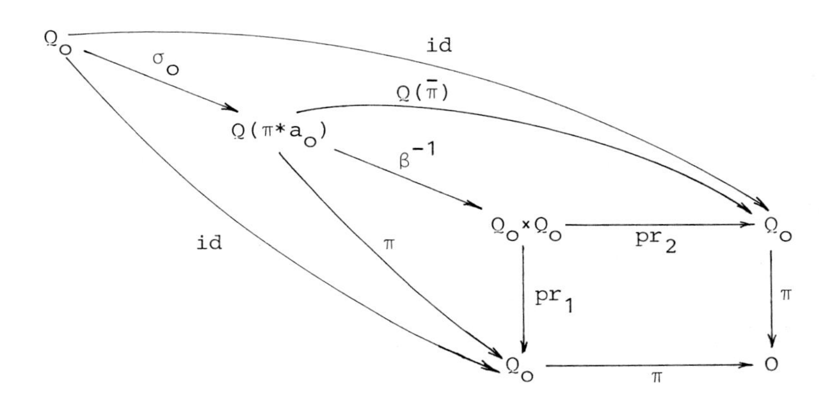

Aus der Definition von σ_o (vgl. (1.8)) folgt $\beta^{-1} \circ \sigma_o = (\mathrm{id},\mathrm{id})$. Mit (*) ergibt sich daraus

$$\delta = \psi_o = Q(\bar{\varphi}_o) \circ \sigma_o = Q(\bar{\varphi}_o) \circ \beta \circ (\mathrm{id},\mathrm{id})$$

und damit (a).

<u>Beweis zu (b).</u> Nach Definition von $\tilde{q}$ ist $\tilde{q} = \mathrm{id} \circ \tilde{q} = q \circ Q(\bar{\varphi}_o)$. Da q gerade so gewählt wurde, daß $q \circ Q(\bar{\varphi}_o) \mid O \times Q_o = \mathrm{id}$ ist, folgt (b).

Beweis zu (c). Aus $q \circ \sigma = 0$ folgt

$$\tilde{q} \circ (\mathrm{id},\theta) = 0.$$

Daraus erhält man mit (b)

$$0 = T_o(\tilde{q} \circ (\mathrm{id},\theta)) = T_o(\tilde{q} \circ i_1) + T_o(\tilde{q} \circ i_2) \circ T_o\theta = T_o(\tilde{q} \circ i_1) + T_o\theta.$$

Beweis von (d). Mit (a) erhält man

$$q \circ \delta = q \circ Q(\bar{\varphi}_o) \circ \Delta = \tilde{q} \circ \Delta .$$

Daraus ergibt sich mit (c) und (b)

$$T_o(q \circ \delta) = T_o(\tilde{q} \circ \Delta) = T_o(\tilde{q} \circ i_1) + T_o(\tilde{q} \circ i_2) = \mathrm{id} - T_o\theta .$$

Beweis von (e). Dazu betrachte man

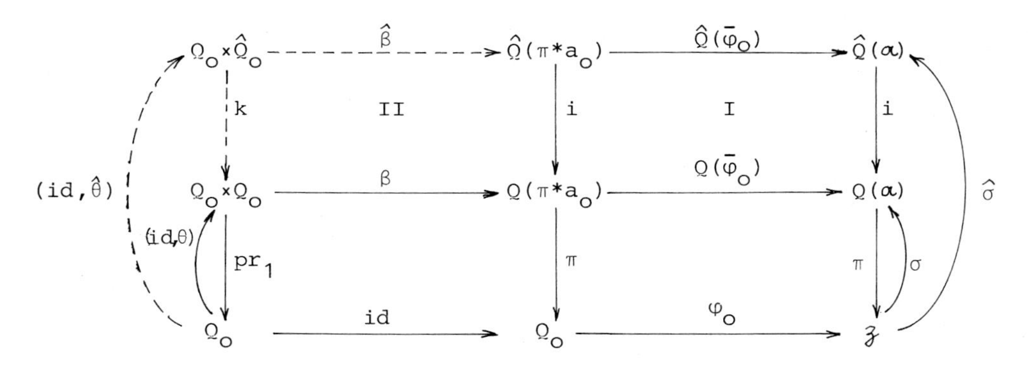

Dabei sei $\hat{\beta}$ irgendein Isomorphismus über Q_o, $k := \beta^{-1} \circ i \circ \hat{\beta}$ und $(\mathrm{id},\hat{\theta})$ der Rückzug von $\hat{\sigma}$. Da nach Definition von "kompakt fortsetzbar" I, und nach Definition von $\hat{\beta}$ und k II, kommutiert ist $k = \varphi_o^* i$. Somit folgt

$$(\mathrm{id},\theta) = (\mathrm{id},\hat{\theta}) \circ k. \qquad (**)$$

Da i Q_o-kompakt ist, ist auch k Q_o-kompakt und aus (**) folgt dann (e).

(1.32) Satz. Seien W, W' offene Teilmengen der Banachräume E bzw. E', X_1 und X_2 banachanalytische Unterräume von W und $x_o \in X_1 \cap X_2$. Ferner seien $f_1 \colon X_1 \to W'$ und $f_2 \colon X_2 \to W'$ Morphismen, die auf $X_1 \cap X_2$ übereinstimmen.

Behauptung. In einer Umgebung von x_o existiert ein Morphismus $g \colon W \to W'$, der f_1 und f_2 fortsetzt.

Beweis. Siehe [21], VII.6 Lemma 1.

(1.33) Satz. $q \colon Z \to Q_o$ ist relativ endlichdimensional über Q_o (vgl. (7.8)).

Beweis. Da man Z als Unterraum von $Z_1 := \mathrm{Ker}(\pi_{\alpha}, \varphi_{\alpha})$ auffassen kann, genügt es zu zeigen, daß $q \colon Z_1 \to Q_o$ relativ endlichdimensional ist.

Man betrachte das Diagramm

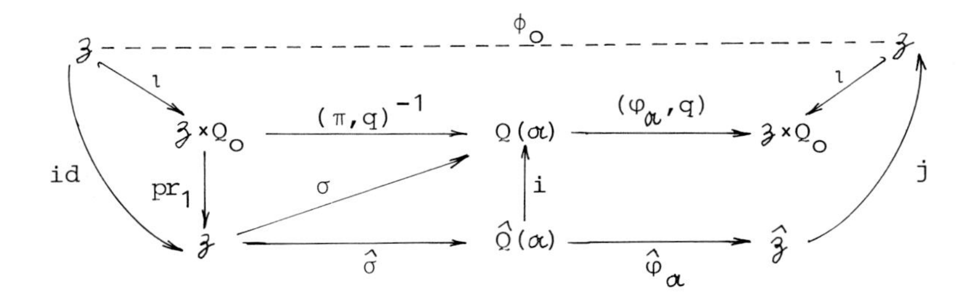

Da q so gewählt wurde, daß $q \circ \sigma = 0$ ist, gilt

$$\sigma \circ \mathrm{id} = (\pi, q)^{-1} \circ \iota \, . \qquad (*)$$

Daraus folgt, daß man durch Beschränken von $\phi := (\varphi_{\mathfrak{a}}, q) \circ (\pi, q)^{-1}$ auf $\mathfrak{Z}$ einen Morphismus $\phi_o : \mathfrak{Z} \to \mathfrak{Z}$ erhält.

Zwischenbehauptung. ϕ_o ist kompakt.

Beweis davon. Mit (*) und kf 4 folgt:

$$\phi_o = pr_1 \circ \phi \circ \iota = pr_1 \circ (\varphi_{\mathfrak{a}}, q) \circ \sigma \circ \mathrm{id} = \varphi_{\mathfrak{a}} \circ i \circ \hat{\sigma} = j \circ \hat{\varphi}_{\mathfrak{a}} \circ \hat{\sigma} \, .$$

Da j kompakt ist, ergibt sich die Zwischenbehauptung.

Bemerkung. Faßt man $Q(\mathfrak{a})$ vermöge $q: Q(\mathfrak{a}) \to Q_o$ als Raum über Q_o auf, so sind $(\pi, q), (\varphi_{\mathfrak{a}}, q)$ und damit auch $\phi = (\varphi_{\mathfrak{a}}, q) \circ (\pi, q)^{-1}$ Q_o-Morphismen. Insbesondere ist $pr_2 \circ \phi = pr_2$.

Sei $U \to F$ ein Modell von $\mathfrak{Z}$. Da ϕ_o kompakt ist, gibt es einen Morphismus $h_o : U \to U$ mit $h_o | \mathfrak{Z} = \phi_o$ derart, daß $T_o h_o$ kompakt ist. Nach (1.32) existiert ein Morphismus $h_1 : U \times Q_o \to U$, der h_o und $\mathfrak{Z} \times Q_o \xrightarrow{\phi} \mathfrak{Z} \times Q_o \xrightarrow{pr_1} \mathfrak{Z} \hookrightarrow U$ fortsetzt. Durch $h := (h_1, pr_2) : U \times Q_o \to U \times Q_o$ erhält man einen Q_o-Morphismus mit $h | \mathfrak{Z} \times Q_o = \phi$ (vgl. obige Bemerkung). Da h auf dem Bild von Z_1 unter dem Q_o-Isomorphismus (π, q) die Identität und $T_o h_o$ kompakt ist, folgt die Behauptung aus (7.12).

(1.34) Satz. Sei $p: \underline{F} \to \underline{G}$ ein Gruppoid, das die Voraussetzungen in (1.12) erfüllt und das eine kompakt fortsetzbare Darstellung besitzt.

Behauptung. In $\underline{F}$ existiert ein semiuniverselles Objekt, das über einem endlichdimensionalen Raumkeim liegt.

Beweis. Nach (1.33) existiert eine Einbettung $\iota: Z \hookrightarrow Q_o \times \mathbb{C}^m$ über Q_o. Man betrachte das Diagramm

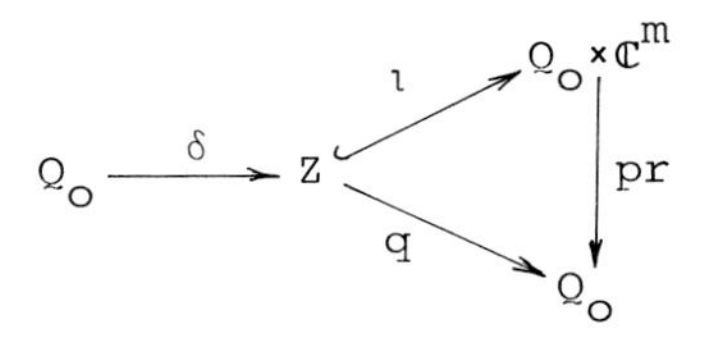

Zunächst folgt aus (1.31), daß $\mathrm{KerT}_o(q \circ \delta)$ endlichdimensional ist. Wegen

$$\mathrm{KerT}_o(q \circ \delta) \supset \mathrm{KerT}_o\delta = \mathrm{KerT}_o(\iota \circ \delta)$$

ist dann auch $\mathrm{KerT}_o(\iota \circ \delta)$ endlichdimensional. Mit dem folgenden Hilfssatz folgt, daß $\mathrm{ImT}_o(\iota \circ \delta)$ endliche Kodimensionen hat. Die Behauptung folgt jetzt aus (1.30).

Hilfssatz. Seien E,F,G Banachräume und

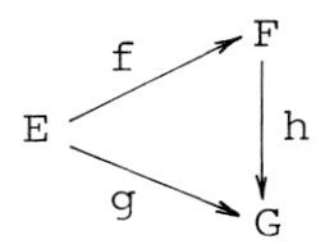

ein kommutatives Diagramm von stetigen linearen Abbildungen. Dabei sei h surjektiv, $\mathrm{Ker}\, h$ endlichdimensional und $\mathrm{Im}\, g$ von endlicher Kodimension.

Behauptung. $\mathrm{Im}\, f$ ist von endlicher Kodimension.

<u>Beweis.</u> Sei $G = \operatorname{Im} g \oplus H$. Aufgrund der Voraussetzungen genügt es zu zeigen, daß

$$F = \operatorname{Im} f + \operatorname{Ker} h + h^{-1}(H)$$

ist. Die Inklusion "$\supset$" ist klar. Sei $x \in F$ und $h(x) = y + z$ mit $y \in \operatorname{Im} g$ und $z \in H$. Es existieren dann $u \in \operatorname{Im} f$ und $v \in F$ mit $h(u) = y$ und $h(v) = z$. Es ist dann $w := x - (u+v) \in \operatorname{Ker} h$ und $x = u + w + v$.

<u>(1.35) Satz.</u> Sei $p: \underline{F} \to \underline{G}$ ein Gruppoid, das die Voraussetzungen von (1.12) erfüllt. Dann sind die folgenden Aussagen äquivalent:

i) Das Gruppoid $p: \underline{F} \to \underline{G}$ besitzt eine triviale Darstellung (vgl. (1.6)).

ii) In $\underline{F}$ existiert ein universelles Element.

Außerdem sind äquivalent:

a) Das Gruppoid $p: \underline{F} \to \underline{G}$ besitzt eine triviale Darstellung, die kompakt fortsetzbar ist.

b) In $\underline{F}$ existiert ein universelles Element, daß über einem endlichdimensionalen Raumkeim liegt.

<u>Beweis.</u> <u>Aus i) folgt ii):</u> Für eine triviale Darstellung ergibt sich $\pi^*\alpha_Z = \alpha_Z$, $\bar{\pi}_{\alpha_Z} = \mathrm{id}_{\alpha_Z}$, $\bar{\sigma}_Z = \mathrm{id}_{\alpha_Z}$ und damit aus (1.20) $\bar{\psi}_{\alpha_Z} = \mathrm{id}_{\alpha_Z}$. Da α_Z nach (1.15) vollständig ist, folgt mit (1.22), daß α_Z universell ist.

<u>Aus ii) folgt i):</u> Sei b ein universelles Objekt. Sei $\tilde{Q}(a) := (\mathrm{id}\colon p(a) \to p(a))$, $\tilde{Q}(\bar{f}) := f$ und $\bar{\varphi}_a\colon \pi^*a = a \to b$ der universelle Morphismus (für alle $a \in \underline{F}$). Das Tripel $(b, \tilde{Q}, (\bar{\varphi}_a)_{a\in\underline{F}})$ ist dann eine triviale Darstellung.

<u>Aus a) folgt b):</u> Aus a) folgt ii) und mit (1.34) folgt dann b).

<u>Aus b) folgt a):</u> Die oben definierte Darstellung ist kompakt fortsetzbar (man setze $(\hat{b}, \hat{\tilde{Q}}, (\hat{\bar{\varphi}})_{a\in\underline{F}}) := (b, \tilde{Q}, (\bar{\varphi})_{a\in\underline{F}})$ und $i(a) = \mathrm{id}_{p(a)}$, $j = \mathrm{id}_{p(b)}$).

<u>(1.36) Bemerkung.</u> Ist i) erfüllt, so ist $R = Z$ und damit $\alpha_R = \alpha_Z$.

<u>(1.37) Formulierung der Bedingung (S).</u> Sei $p\colon \underline{F} \to \underline{G}$ ein (beliebiges) Gruppoid und $(\alpha, \tilde{Q}, (\bar{\varphi}_a)_{a\in\underline{F}})$ eine Darstellung davon. Dann lautet die Bedingung (S):

Für jedes Paar $\bar{f}, \bar{g}\colon a \to b$ von Morphismen in $\underline{F}$ mit $p(\bar{f}) = p(\bar{g})$ sind äquivalent:

(S) 1) $\bar{f} = \bar{g}$.

2) Es existiert ein Schnitt $\sigma\colon p(a) \to Q(a)$ mit $Q(\bar{f}) \circ \sigma = Q(\bar{g}) \circ \sigma$.

<u>Bemerkung.</u> Ist 1) erfüllt, so gilt 2) immer (für jeden Schnitt)!

<u>(1.38) Hauptsatz.</u> Sei $p\colon \underline{F} \to \underline{G}$ ein Gruppoid, das eine kompakt fortsetzbare Darstellung besitzt, welche die Bedingung (S) erfüllt.

<u>Behauptung.</u> In $\underline{F}$ existiert ein semiuniverselles Objekt, das über einem endlichdimensionalen Raumkeim liegt.

<u>Beweis.</u> Wegen (1.34) genügt es, die Voraussetzungen in (1.12) nachzuweisen. Seien also $\bar{f},\bar{g}\colon a \to b$ Morphismen in $\underline{F}$ und sei $\sigma\colon p(a) \to Q(a)$ ein (beliebiger) Schnitt. Sei

$R := \operatorname{Ker}(Q(\bar{f}) \circ \sigma, Q(\bar{g}) \circ \sigma)$,

$i\colon R \hookrightarrow p(a)$ die Inklusion und

$\bar{i}\colon a_R \to a$ ein Morphismus über i.

<u>Zwischenbehauptung.</u> $\bar{i}\colon a_R \to a$ ist der gesuchte Kern von Doppelpfeilen.

<u>Beweis dazu.</u> Man betrachte das Diagramm

$$\begin{array}{ccccc}
Q(a_R) & \xrightarrow{\;Q(\bar{i})\;} & Q(a) & \underset{Q(\bar{g})}{\overset{Q(\bar{f})}{\rightrightarrows}} & Q(b) \\
\mu := i^*\sigma \;\uparrow\downarrow & & \sigma\;\uparrow\downarrow & & \downarrow \\
R & \xrightarrow[\;i\;]{} & p(a) & \underset{g}{\overset{f}{\rightrightarrows}} & p(b)
\end{array}$$

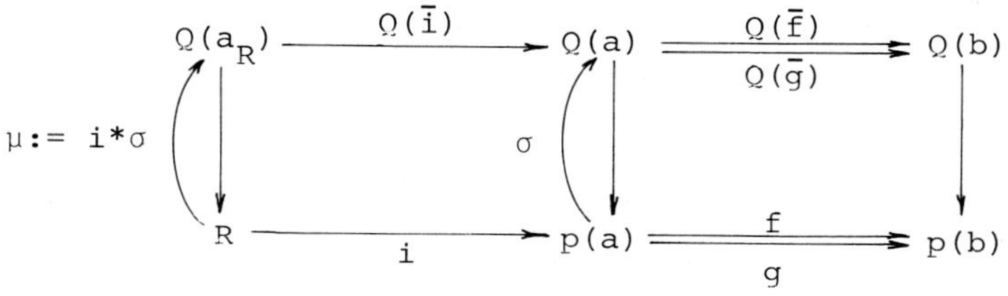

Es gilt

$$Q(\bar{f}) \circ Q(\bar{i}) \circ \mu = Q(\bar{f}) \circ \sigma \circ i = Q(\bar{g}) \circ \sigma \circ i = Q(\bar{g}) \circ Q(\bar{i}) \circ \mu .$$

Mit (S) folgt daraus

$$\bar{f} \circ \bar{i} = \bar{g} \circ \bar{i} .$$

Sei $\bar{h}\colon c \to a$ ein Morphismus mit $\bar{f} \circ \bar{h} = \bar{g} \circ \bar{h}$.

Man betrachte das Diagramm

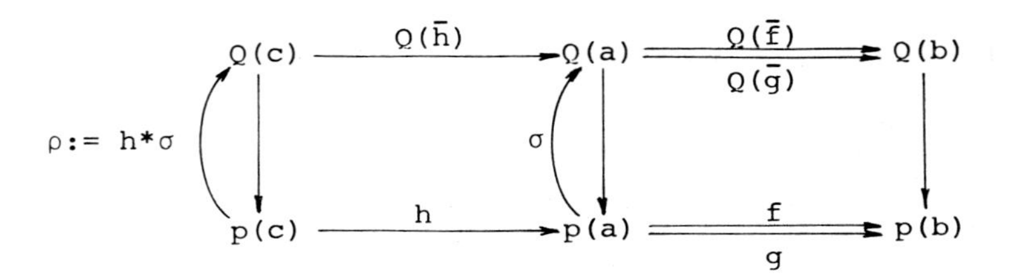

Mit $\bar{f} \circ \bar{h} = \bar{g} \circ \bar{h}$ folgt

$$Q(\bar{f}) \circ \sigma \circ h = Q(\bar{f}) \circ Q(\bar{h}) \circ \rho = Q(\bar{g}) \circ Q(\bar{h}) \circ \rho =$$

$$= Q(\bar{g}) \circ \sigma \circ h$$

und daraus, daß h eindeutig über R faktorisiert, d.h. es existiert ein eindeutig bestimmtes $h_1 \colon p(c) \to R$ mit $i \circ h_1 = h$. Für

$$\bar{h}_1 := (\bar{h}, h_1, \bar{i})$$

(vgl. (0.4)) gilt dann $\bar{i} \circ \bar{h}_1 = \bar{h}$. Ist $\bar{h}_2 \colon c \to a_R$ ein weiterer Morphismus mit $\bar{i} \circ \bar{h}_2 = \bar{h}$, so folgt $i \circ h_2 = h$. Daraus ergibt sich zunächst $h_1 = h_2$ und damit $\bar{h}_1 = \bar{h}_2$.

Damit ist der Hauptsatz bewiesen.

§ 2 Simpliziale Atlanten und Puzzles

<u>Vorbemerkung</u>. Sei $p: \underline{H} \to \underline{A}$ ein Gruppoid (z.B. $\underline{H} = \underline{A}$, $\underline{H}$ = Kategorie der Garben über banachanalytischen Räumen, $\underline{H}$ = Kategorie der G-Prinzipalfaserbündel über banachanalytischen Räumen,...). Sei $a \in \underline{H}$ und $X := p(a)$. Sei ferner $(g_i: Z_i \xrightarrow{\sim} X_i \subset X)_{i \in I}$ ein Atlas von X, d.h. die X_i sind offene Teilmengen von X und die Z_i abgeschlossene Unterräume von offenen Teilmengen von $\mathbb{C}^{n_i}$, so daß die X_i X überdecken. Aus den $g_i^* a$ erhält man - zumindest in den in Klammer genannten Beispielen für $\underline{H}$ - durch Verkleben mittels der Kartenwechsel ein zu a isomorphes Objekt aus $\underline{H}$.

Dieser Prozess zerstückeln - verkleben ist, wie bereits in der Vorbemerkung zu §1 erwähnt, für die Konstruktion einer kompakt fortsetzbaren Darstellung eines Gruppoids $\underline{F} \to \underline{G}$ wichtig. Allerdings wird hier nicht mit einem Atlas der obigen Form, sondern mit Panzerungen $((Y_i),(f_i))$ gearbeitet. Hier durchläuft i eine simpliziale Menge. Auch in diesem Fall ist es (unter geeigneten Voraussetzungen an das Gruppoid $\underline{H}$, insbesondere aber in oben erwähnten Beispielen für $\underline{H}$) möglich, aus den $(f_i | \overset{o}{Y}_i)^* a$ durch Verkleben ein zu a isomorphes Objekt zurückzuerhalten.

Dieser Prozess des Zerstückelns und wieder Verklebens im Falle von "simplizialen Atlanten" wird in diesem Paragraphen in einer für die Anwendung geeigneten Form behandelt.

<u>(2.1).</u> Sei $S \in \underline{A}$ und $q: \underline{H} \to \underline{A}_S$ ein Gruppoid. Sei $(a_i)_{i\in J}$ eine Familie von Objekten aus $\underline{H}$ und $X_i := q(a_i)$ für $i \in J$. Für jedes $i \in J$ sei eine Familie $(X_{ij})_{j\in J}$ von offenen Teilmengen $X_{ij} \subset X_i$ gegeben und $a_{ij} := a_i | X_{ij}$. Für jedes Paar $(i,j) \in J^2$ sei ein Isomorphismus $\bar{\varphi}_{ij}: a_{ij} \to a_{ji}$ gegeben und $\varphi_{ij} := q(\bar{\varphi}_{ij})$. Es gelte:

1. Für alle $i \in J$ ist $a_{ii} = a_i$ und $\bar{\varphi}_{ii} = id_{a_i}$.
2. Für jedes Tripel $(i,j,k) \in J^3$ ist

   a) $\varphi_{ij}(X_{ij} \cap X_{ik}) \subset X_{jk} \cap X_{ji}$.

   b) $\bar{\varphi}_{ik} | a_{ij} \cap a_{ik} = (\bar{\varphi}_{jk} | a_{jk} \cap a_{ji}) \circ (\bar{\varphi}_{ij} | a_{ij} \cap a_{ik})$.

   Dabei sei $a_{ij} \cap a_{ik} := a_i | X_{ij} \cap X_{ik}$.

<u>Bemerkung zu 2.</u> Aus dem Diagramm

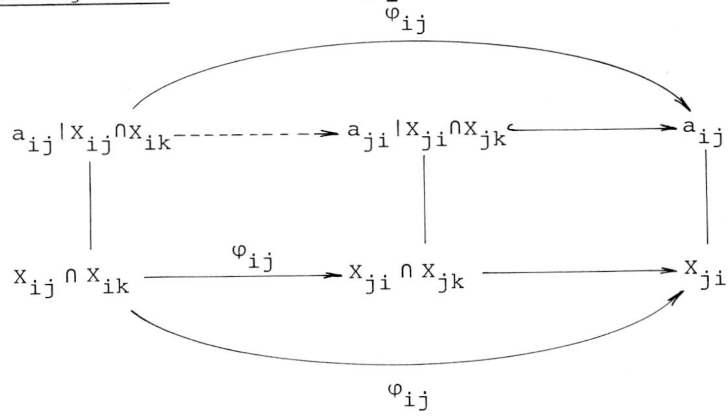

folgt, daß man $\bar{\varphi}_{ij}$ als Morphismus nach $a_{ji}|X_{ji} \cap X_{jk}$ auffassen kann.

Das Gruppoid $q\colon \underline{H} \to \underline{A}_S$ erfülle die folgenden "Verklebebedingungen":

(V1) Für jedes Tripel $((a_i)_{i\in J},(a_{ij})_{i,j\in J},(\bar{\varphi}_{ij})_{i,j\in J})$, das obige Eigenschaften erfüllt, existiert ein $a \in \underline{H}$, eine Überdeckung von $p(a)$ durch offene Mengen $Z_i, i \in J$ und für jedes $i \in I$ ein Isomorphismus $\bar{\varphi}_i\colon a_i \to a|Z_i$ mit $\bar{\varphi}_i|X_{ij} = \bar{\varphi}_j \circ \bar{\varphi}_{ij}$ und $\varphi_i(X_{ij}) = Z_i \cap Z_j = \varphi_j(X_{ji})$.

(V2) Für alle $a,b \in \underline{H}$ ist $V \mapsto \mathrm{Mor}(a|V,b), V \subset p(a)$ eine Garbe.

Bemerkung. Das Objekt $a \in \underline{H}$ ist dadurch bis auf Isomorphie eindeutig bestimmt.

Im folgenden sei $I.$ stets eine simpliziale Menge der Dimension zwei.

(2.2) Definition (I.-Atlas von (X',X)). Seien $X',X \in \underline{A}_S$, $X'\subset X$ und $\eta = ((U_i)_{i\in I},(U_i')_{i\in I'},(f_i)_{i\in I})$ ein Tripel mit $U_i \in \underline{A}_S, U_i' \subset U_i$ offen und $f_i\colon U_i \to X$. Sei außerdem für alle $i \in I$ (bzw. $i \in I'$)

$$X_i := f_i(U_i) \quad \text{und} \quad X_i' := f_i(U_i').$$

Das Tripel η heißt I.-Atlas von (X',X), wenn gilt:

(A0) Für alle $i \in I$ ist $X_i \subset X$ offen und $f_i\colon U_i \to X_i$ ein Isomorphismus.

(A1) $X' \subset \bigcup_{i\in I_0} X_i'$.

(A2) Für alle $i = (i_o, i_1) \in I_o^2$ gilt

$X'_{i_o} \cap X'_{i_1} \subset \bigcup_{dj=i} X'_j$ und $\bigcup_{dj=i} X_j \subset X_{i_o} \cap X_{i_1}$.

(A3) Für alle $j = (j_o, j_1, j_2) \in I_1^3$ mit $d_o j_o = d_o j_1, d_1 j_o = d_o j_2$ und $d_1 j_1 = d_1 j_2$ gilt

$X'_{j_o} \cap X'_{j_1} \cap X'_{j_2} \subset \bigcup_{dk=j} X_k \subset X_{j_o} \cap X_{j_1} \cap X_{j_2}$.

<u>(2.3) Schreibweise.</u> Seien $a', a \in \underline{H}$. Die Schreibweise $a' \subset a$ bedeutet, daß eine Teilmenge $X' \subset q(a)$ mit $a' = a|X$ existiert.

<u>Definition (I.-Atlas von (a',a)).</u> Seien $a', a \in \underline{H}$, $a' \subset a$. Ein Tripel $\eta = ((a_i)_{i \in I}, (a'_i)_{i \in I'}, (\bar{f}_i)_{i \in I})$ mit $a_i, a'_i \in H$, $\bar{f}_i$: $a_i \to a$ heißt I.-Atlas von (a', a), wenn gilt:

i) $q(\eta)$ ist ein I.-Atlas von $(q(a'), q(a))$.

ii) Für alle $i \in I'$ ist $a'_i = a_i | q(a'_i)$.

<u>(2.4) Definition (der Kategorie At).</u> Sei $\underline{At}$ (genauer $\underline{At}(q, I.)$) die Kategorie, deren Objekte die Menge der Paare (η, a) ist, wobei $a \in \underline{H}$ und η ein I.-Atlas von (a', a) ist für ein $a' \subset a$. Die Morphismen seien wie folgt definiert: Seien $(\eta, a), (\mu, b) \in \underline{At}$, $\eta = ((a_i), (a'_i), (\bar{f}_i))$ und $\mu = ((b_i), (b'_i), (\bar{g}_i))$. Ein Morphismus von (η, a) nach (μ, b) ist ein Paar $((\bar{\varphi}_i), \bar{\varphi})$ mit $\bar{\varphi}_i: a_i \to b_i$ und $\bar{\varphi}: a \to b$, so daß für alle $i \in I'$ $\bar{\varphi}_i | a'_i$ ein Morphismus nach b'_i und für alle $i \in I$ $\bar{\varphi} \circ \bar{f}_i = \bar{g}_i \circ \bar{\varphi}_i$ ist.

<u>(2.5) Definition (I.-Puzzle).</u> Sei $z = ((a_i)_{i \in I}, (a'_i)_{i \in I'}, (\bar{h}_i^j)_{i,j \in I, i \in \partial j})$ ein Tripel mit $a_i, a'_i \in \underline{H}$ und $\bar{h}_i^j: a_j \to a_i$. Sei $U_i := q(a_i), U'_i := q(a'_i) \subset U_i$ offen, $a'_i = a_i | U'_i$ und $h_i^j := q(\bar{h}_i^j)$. Das Tripel z heißt I.-Puzzle in $\underline{H}$, wenn gilt:

(Pz0) Für alle $i,j \in I, i \in \partial j$ ist $h_i^j(U_j) \subset U_i$ offen und $\bar{h}_i^j\colon a_j \to a_i | h_i^j(U_j)$ ein Isomorphismus.

(Pz1) Für alle $k \in I_2, j \in \partial k, j' \in \partial k$ und $i \in \partial j \cap \partial j'$ ist

$$\bar{h}_i^j \circ \bar{h}_j^k = \bar{h}_i^{j'} \circ \bar{h}_{j'}^k .$$

(Pz2) Seien $j,j' \in I_1$ und $i \in I_o$ mit $i = d_o j = d_o j'$ (bzw. $i = d_1 j = d_o j'$, bzw. $i = d_1 j = d_1 j'$); sei $i' := d_1 j$ (bzw. $i' := d_o j$, bzw. $i' := d_o j$) und $i'' := d_1 j'$ (bzw. $i'' := d_1 j'$, bzw. $i'' := d_o j'$). Seien $y \in U_j^!$ und $y' \in U_{j'}^!$, so daß

$$h_i^j(y) = h_i^{j'}(y'),\ h_{i'}^j(y) \in U_{i'}^! \text{ und } h_{i''}^{j'}(y') \in U_{i''}^!$$

ist. Dann existiert ein $k \in I_2$ mit $d_o k = j$, $d_1 k = j'$ (bzw. $d_o k = j$, $d_2 k = j'$, bzw. $d_1 k = j$, $d_2 k = j'$) und ein $z \in U_k$ mit $h_j^k(z) = y$ und $h_{j'}^k(z) = y'$.

(Pz3) Sei $j \in I_1$, $(i,i') = dj$ und $y \in U_j$ mit $h_i^j(y) =: x \in U_i^!$, $h_{i'}^j(y) =: x' \in U_{i'}^!$. Dann existiert ein $j' \in I_1$ und ein $y' \in U_j^!$ mit $dj' = (i,i')$ sowie $h_i^{j'}(y') = x$ und $h_{i'}^{j'}(y') = x'$.

Bemerkung. Zu (Pz1) und (Pz2) betrachte man

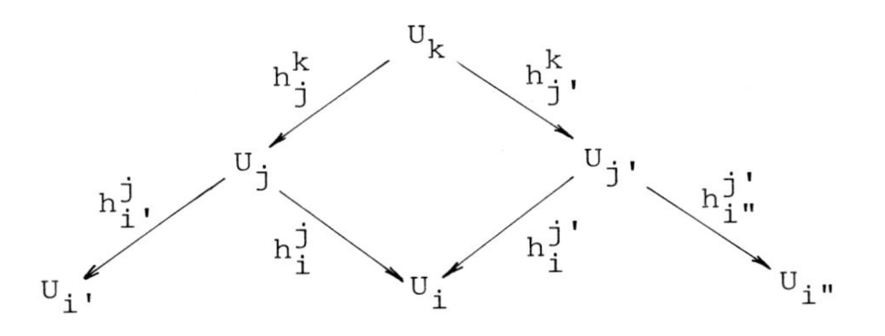

Bemerkung. Die $U_i^!(i \in I_o)$ werden später durch die $h_{i'}^j \circ (h_i^j)^{-1}$ verheftet (vgl. (2.8)). Die Bedingung (Pz3) liefert, daß die "Durchschnitte" von den $U_j^!(j \in I_1)$ überdeckt werden. Die "Kan-Bedingung" (Pz2) liefert, daß die "3-fachen Durchschnitte" von den $U_k(k \in I_2)$ überdeckt werden. Aus (Pz1) erhält man die "Kozyklenbedingung".

(2.6) Definition (der Kategorie $\underline{Pz}$). Sei $\underline{Pz}$ (genauer $\underline{Pz}(q,I.)$) die Kategorie, deren Objekte die I.-Puzzles in $\underline{H}$ sind. Die Morphismen seien wie folgt definiert: Seien $y = ((a_i),(a_i^!),(\bar{g}_i^j))$ und $z = ((b_i),(b_i^!),(\bar{h}_i^j))$ I.-Puzzles in $\underline{H}$. Ein Morphismus von y nach z ist eine Familie $(\bar{\varphi}_i)_{i \in I'}$, $\bar{\varphi}_i: a_i \to b_i$, so daß für alle $i \in I'$ $\bar{\varphi}_i | a_i^!$ ein Morphismus nach $b_i^!$ ist und für alle $i \in \partial j$ die Gleichung

$$\bar{h}_i^j \circ \bar{\varphi}_j = \bar{\varphi}_i \circ \bar{g}_i^j$$

erfüllt ist.

(2.7) Konstruktion des Funktors $\phi: \underline{At} \to \underline{Pz}$. Genauer sollte man wieder $\phi_{q,I.}$ schreiben. Sei $(\eta,a) \in \underline{At}$, $\eta = ((a_i), (a_i^!), (\bar{f}_i))$. Aus (AO) folgt mit der zweiten Inklusion aus (A2) bzw. (A3), daß für $i \in \partial j$ der Morphismus $\bar{f}_i^{-1} \circ \bar{f}_j$ wohldefiniert ist. Sei

$$\phi(\eta,a) := ((a_i),(a_i^!),(\bar{f}_i^{-1} \circ \bar{f}_j)).$$

Zwischenbehauptung. $\phi(\eta,a)$ ist ein Objekt aus $\underline{Pz}$.

Beweis dazu. Zu (PzO). Dies folgt aus (AO) und (O.6).

Zu (Pz1). Es gilt $(\bar{f}_i^{-1} \circ \bar{f}_j) \circ (\bar{f}_j^{-1} \circ \bar{f}_k) = (\bar{f}_i^{-1} \circ \bar{f}_{j'}) \circ (\bar{f}_{j'}^{-1} \circ \bar{f}_k)$.

Zu (Pz2). Die Bezeichnungen seien wie in (Pz2) gewählt. Aus $f_i^{-1} \circ f_j(y) = f_i^{-1} \circ f_{j'}(y')$ folgt $x := f_j(y) = f_{j'}(y')$. Da außerdem nach Voraussetzung $f_{i'}^{-1} \circ f_j(y) \in U_{i'}^!$ und $f_{i''}^{-1} \circ f_{j'}(y') \in U_{I''}^!$ ist, folgt $x \in f_{i'}(U_{i'}^!) \cap f_{i''}(U_{i''}^!) = X_{i'}^! \cap X_{i''}^!$. Nach (A2) existiert ein $j'' \in I_1$ mit $dj'' = (i',i'')$ und $x \in X_{j''}^!$. Es gilt also $x \in X_j^! \cap X_{j'}^! \cap X_{j''}^!$. Nach (A3) existiert dann ein $k \in I_2$ mit $dk = (j,j',j'')$ (bzw. $dk = (j,j'',j')$, bzw. $dk = (j'',j,j')$) und $x \in X_k$. Mit $z := f_k^{-1}(x)$ folgt $f_j^{-1} \circ f_k(z) = y$ und $f_{j'}^{-1} \circ f_k(z) = y'$.

Zu (Pz3). Die Bezeichnungen seien wie in (Pz3) gewählt. Aus $f_i^{-1} \circ f_j(y) \in U_i^!$ bzw. $f_{i'}^{-1} \circ f_j(y) \in U_{i'}^!$ folgt $f_j(y) \in X_i^! \cap X_{i'}^!$ und damit mit (A2) die Zwischenbehauptung.

Sei $((\bar{\varphi}_i),\bar{\varphi})$ ein Morphismus in <u>At</u> und

$$\phi((\bar{\varphi}_i),\bar{\varphi}) := (\bar{\varphi}_i).$$

Dies ist ein Morphismus in <u>Pz</u>.

<u>(2.8) Konstruktion des Funktors Ψ: Pz $\to$ H.</u> Genauer sollte man wieder $\Psi_{q,I.}$ schreiben. Sei $z = ((a_i),(a_i^!),(\bar{h}_i^j))$ ein I.-Puzzle. Sei $U_i := q(a_i)$, $U_i^! := q(a_i^!)$. Für alle $i,i' \in I_o, i \neq i'$ sei $U_{ii'} \subset U_i^!$ die Menge aller $x \in U_i^!$, so daß ein $j \in I_1$ und ein $y \in U_j^!$ mit $\partial j = \{i,i'\}$, $h_i^j(y) = x$ und $h_{i'}^j(y) \in U_{i'}^!$ existiert. Außerdem sei $U_{ii} := U_i^!$.

Zwischenbehauptung. Seien x,y,i,i',j wie oben, sowie $j' \in I_1$ mit $\partial j = \{i,i'\}$ und $y' \in U'_{j'}$ mit $h_i^{j'}(y') = x$, $h_{i'}^{j'}(y') \in U'_{i'}$, so ist

$$(\bar{h}_{i'}^{j}) \circ (\bar{h}_i^{j})^{-1} = (\bar{h}_{i'}^{j'}) \circ (\bar{h}_i^{j'})^{-1}$$

nahe x.

Beweis dazu. Nach (Pz2) existiert ein $k \in I_2$ mit $j,j' \in \partial k$ und ein $z \in U_k$ mit $h_j^k(z) = y$ und $h_{j'}^k(z) = y'$. Man betrachte

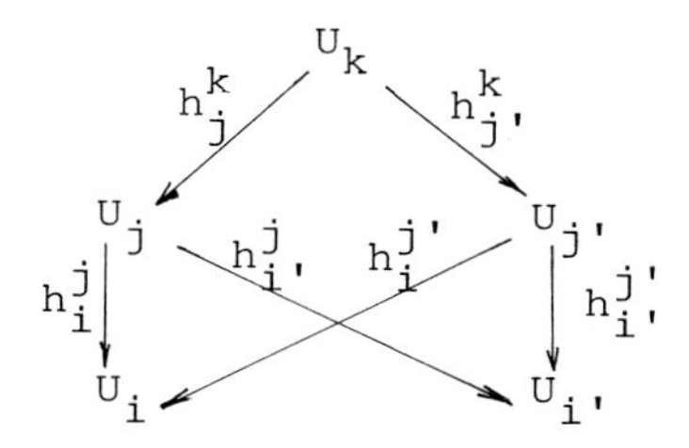

Aus dem darüberliegenden Diagramm in $\underline{H}$ folgt die Zwischenbehauptung mit (Pz1).

Folgerung. Mit (V2) erhält man jetzt durch "Verkleben" der $(h_{i'}^j) \circ (h_i^j)^{-1}$ einen Morphismus $\gamma_{ii'}: a_{ii'} \to a'_{i'}$, wobei $a_{ii'} := a_i | U_{ii'}$ ist. Außerdem wird gesetzt $\bar{\gamma}_{ii} := \mathrm{id}$.

Zwischenbehauptung. Die $a_i, a_{ii'}, \bar{\gamma}_{ii'}$ genügen den Verklebebedingungen aus (2.1).

Beweis dazu. Sei $\gamma_{ii'} := q(\bar{\gamma}_{ii'})$. Für alle $i,i' \in I_o$ gilt $\gamma_{ii'}(U_{ii'}) = U_{i'i}$ und $\bar{\gamma}_{ii'} = \bar{\gamma}_{i'i}^{-1}$. Zu zeigen bleiben noch die Bedingungen 2. a) und b).

Zu a). Seien $i, i', i'' \in I_o$ paarweise verschieden und $x \in U_{ii'} \cap U_{ii''}$. Dann existieren j, j' mit $\partial j = \{i, i'\}$ bzw. $\partial j' = \{i, i''\}$, sowie $y \in U_j'$ bzw. $y' \in U_{j'}'$ mit $h_i^j(y) = x$, $h_{i'}^j(y) \in U_{i'}'$ bzw. $h_i^{j'}(y') = x$, $h_{i''}^{j'}(y') \in U_{i''}'$. Sei $dj = (i, i')$, $dj' = (i, i'')$ (die anderen Fälle verlaufen analog). Nach (Pz2) existiert dann ein $k \in I_2$ mit $j = d_o k$, $j' = d_1 k$ und ein $z \in U_k$ mit $h_j^k(z) = y$ und $h_{j'}^k(z) = y'$. Sei $j'' := d_2 k$ und $y'' := h_{j''}^k(z)$. Es gilt dann $d_o j'' = d_o d_2 k = d_1 d_o k = d_1 j = i'$ und $d_1 j'' = d_1 d_2 k = d_1 d_1 k = d_1 j' = i''$. Man betrachte dazu

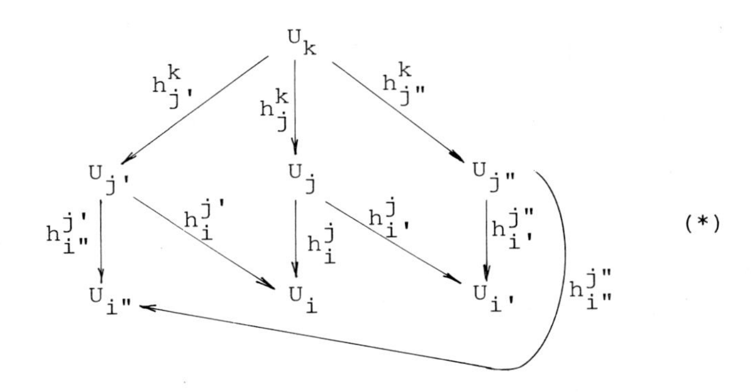

Mit (Pz1) erhält man $h_{i'}^{j''}(y'') = h_{i'}^j(y) \in U_{i'}'$ und $h_{i''}^{j''}(y'') = h_{i''}^{j'}(y') \in U_{i''}'$. Mit (Pz3) folgt dann $\gamma_{ii'}(x) \in U_{i'i''}'$ und deshalb

$$\gamma_{ii'}(U_{ii'} \cap U_{ii''}) \subset U_{i'i''} \cap U_{i'i}. \qquad (**)$$

Sind i, i', i'' nicht paarweise verschieden, so gilt (**) trivialerweise.

Zu b). Durch eine "Diagrammjagd" in (*) (bzw. dem darüberliegenden Diagramm in $\underline{H}$) erhält man mit (Pz1) und (V2)

$$\bar{\gamma}_{ii''}|a_{ii'} \cap a_{ii''} = (\bar{\gamma}_{i'i''}|a_{i'i''} \cap a_{i'i}) \circ (\bar{\gamma}_{ii'}|a_{ii'} \cap a_{ii''}).$$

Man erhält jetzt durch Verkleben der a_i' mittels der $\bar{\gamma}_{ii'}$ ein Objekt $a' \in \underline{H}$, eine Überdeckung von $q(a')$ durch offene Mengen $V_i', i \in I_o$ und Isomorphismen $\bar{\varphi}_i : a_i' \to a'|V_i'$ mit $\bar{\varphi}_i|U_{ii'} = \bar{\varphi}_{i'} \circ \bar{\gamma}_{ii'}$ und $\varphi_i(U_{ii'}) = V_i' \cap V_{i'}' = \varphi_{i'}(U_{i'i})$.

Sei jetzt

$$\Psi(z) := a'.$$

Sei $y = ((b_i),(b_i'),(\bar{g}_i^j))$ ein weiteres I.-Puzzle und $(\bar{\chi}_i): z \to y$ ein Morphismus. Man erhält dann wie oben durch "Verkleben" das Objekt $b' := \Psi(y) \in \underline{H}$, sowie Morphismen $\bar{\psi}_i : b_i' \to b'$ mit zu den $\bar{\varphi}_i$ analogen Eigenschaften. Für jedes $i \in I_o$ erhält man einen Morphismus $\bar{\psi}_i \circ \bar{\chi}_i \circ \bar{\varphi}_i^{-1} : a'|V_i' \to b'$. Diese verkleben sich aufgrund der Eigenschaften der $\bar{\varphi}_i$ bzw. $\bar{\psi}_i$ zu einem Morphismus $\bar{\chi}: a' \to b'$ (vgl. (V2)). Sei $\Psi((\bar{\chi}_i)) := \bar{\chi}$.

<u>(2.9).</u> Seien $(\eta,a),(\mu,b) \in \underline{At}, a = ((a_i),(a_i'),(\bar{f}_i))$ und $((\bar{\varphi}_i),\bar{\varphi}): (\eta,a) \to (\mu,b)$ ein Morphismus. Sei $\Lambda(\eta,a) :=$ $a|\bigcup_{i \in I_o} f_i(q(a_i'))$ und $\Lambda((\bar{\varphi}_i),\bar{\varphi}) := \bar{\varphi}|\Lambda(\eta,a))$. Dadurch erhält man einen kovarianten Funktor $\Lambda: \underline{At} \to \underline{H}$.

<u>Konstruktion des natürlichen Isomorphismus $\Theta: \Psi \circ \phi \to \Lambda$.</u>

Sei $(\eta,a) \in \underline{At}$, $\eta = ((a_i),(a_i'),(\bar{f}_i))$. Sei $V_i := f_i(q(a_i))$ $V_i' := f_i(q(a_i'))$, $\bar{\iota}_i : a|V_i \to a$ die Inklusion, $\alpha := ((a|V_i),(a|V_i'),(\bar{\iota}_i))$ und $\kappa: (\eta,a) \to (\alpha,a)$ gegeben durch $\kappa := ((\bar{f}_i),id_a)$.

Sei jetzt

$$\Theta(\eta,a) := \Psi(\phi(\kappa)) .$$

Da κ ein Isomorphismus ist, ist auch $\Theta(\eta,a)\colon \Psi(\phi(\eta,a)) \to \Psi(\phi(\alpha,a))$ ein Isomorphismus.

Wegen $\Psi(\Phi(\alpha,a)) = \Lambda(\eta,a))$ erhält man so einen natürlichen Isomorphismus $\Theta\colon \Psi \circ \Phi \to \Lambda$.

<u>(2.10) Satz.</u> Sei $\eta = ((a_i),(a_i'),(\bar{f}_i))$ ein I.-Atlas von (a',a), $\bar{\varphi}\colon a \to b$ ein Isomorphismus, $\mu := ((a_i),(a_i'),(\bar{\varphi} \circ \bar{f}_i))$ und $b' := b|\varphi(q(a'))$.

<u>Behauptung.</u> 1) μ ist ein I.-Atlas von (b',b) .

2) $\phi(\eta,a) = \phi(\mu,b)$.

3) $\Theta(\mu,b) = \bar{\varphi} \circ \Theta(\eta,a)$.

<u>Bemerkung.</u> Setzt man $\bar{\varphi} \circ \eta := \mu$, so lautet 3): $\Theta(\bar{\varphi} \circ \eta,\bar{\varphi}(a)) = = \bar{\varphi} \circ \Theta(\eta,a)$.

<u>Beweis (des Satzes).</u> <u>Zu 1).</u> Dies ist klar.

<u>Zu 2).</u> Dies folgt aus $(\bar{\varphi} \circ \bar{f}_i)^{-1} \circ (\bar{\varphi} \circ \bar{f}_j) = \bar{f}_i^{-1} \circ \bar{f}_j$.

<u>Zu 3).</u> Man betrachte den Morphismus $\rho := ((id_{a_i}),\bar{\varphi})\colon (\eta,a) \to (\mu,b)$. Da Θ natürlich ist gilt:

$$\Theta(\mu,b) = \Theta(\mu,b) \circ \Psi(\phi(\rho)) = \Lambda(\rho) \circ \Theta(\eta,a) = \bar{\varphi} \circ \Theta(\eta,a).$$

Kapitel II **Anwendungen**

In diesem Kapitel wird der Hauptsatz auf einige Deformationsprobleme angewendet. Die Konstruktion einer kompakt fortsetzbaren Darstellung erfolgt dabei immer auf ähnliche Art und Weise, wie im Falle kompakter komplexer Räume (vgl. die Vorbemerkung zu §1). Die Objekte, die man deformieren möchte, werden jeweils "zerstückelt" und wieder "zusammengesetzt".
Um eine Darstellung zu konstruieren, braucht man zunächst eine Übersicht über die "lokalen Stückchen". Im Falle kompakter komplexer Räume hat man zum Beispiel den Raum G(K), der alle privilegierten Unterräume $Y \subset K$ enthält. Weiterhin nutzt man aus, daß gewisse Mengen von Morphismen banachanalytische Räume sind (man möchte eine Übersicht haben über die "Karten" des Objektes und über die Morphismen zwischen den "lokalen Stückchen").
Daß die Darstellung, die man so erhält, kompakt fortsetzbar ist, beruht letztlich auf den folgenden beiden Tatsachen:

1) Sei $U \subset \mathbb{C}^n$ offen und $\mathcal{F}$ eine kohärente analytische Garbe auf U. Ist $K \subset U$ ein $\mathcal{F}$-privilegierter Polyzylinder mit $0 \in \overset{\circ}{K}$, so ist auch $t \cdot K$ $\mathcal{F}$-privilegiert für alle $t \in \mathbb{C}$, die nahe bei 1 liegen (vgl.[18], §7.3)
2) Die Beschränkungsabbildung $B(K) \to B(L)$, $L \subset \overset{\circ}{K}$ ist kompakt.

§ 3 Das Modulproblem für die kompakten Unterräume eines vorgegebenen komplexen Raumes

(3.1). Sei X ein für den Rest des Paragraphen fest vorgegebener komplexer Raum und $\mathcal{E}$ eine kohärente analytische Garbe auf X.

Ist S ein banachanalytischer Raum, so bezeichne $S \times \mathcal{E}$ den Rückzug von $\mathcal{E}$ auf $S \times X$ (vermöge der Projektion).

Bezeichnung. Sei $\mathcal{F}$ eine kohärente analytische Quotientengarbe von $\mathcal{E}$ mit kompaktem Träger. Mit $\underline{F}(\mathcal{F})$ werde die Kategorie bezeichnet, deren Objekte S-anaplatte Quotientengarben von $S \times \mathcal{E}$ $(S \in \underline{G})$ sind, deren Träger eigentlich über $S \times X$ liegt und so, daß die Faser in $0 \in S$ gleich $\mathcal{F}$ ist. Sind $\mathcal{G},\mathcal{H} \in \underline{F}(\mathcal{F})$ Garben über $S \times X$ bzw. $T \times X$, so sei $\mathrm{Mor}(\mathcal{G},\mathcal{H})$ die Menge der Morphismen $\varphi: S \to T$, so daß $\mathcal{G} = (\varphi \times id_X)^*\mathcal{H}$ ist (als Quotientengarben von $S \times \mathcal{E}$).

Sei $S \in \underline{G}$ und $\mathcal{G} \in \underline{F}(\mathcal{F})$ eine Garbe über $S \times X$.

Behauptung. Für jeden Morphismus $\varphi: T \to S$ in $\underline{G}$ ist $(\varphi \times id)^*\mathcal{G}$ ein Objekt aus $\underline{F}(\mathcal{F})$.

Beweis. Sei $\mathcal{H} := (\varphi \times id)^*\mathcal{G}$. Es genügt zu zeigen, daß $\mathrm{supp}\,\mathcal{H}$ eigentlich über T ist. Seien $A := \mathrm{supp}\,\mathcal{G}$ und $B := \mathrm{supp}\,\mathcal{H}$ Da A eigentlich über S liegt, existiert eine offene Menge $V \subset X$, so daß $A(0) \subset V$ und $\bar{V}$ kompakt ist. Aus (7.14) folgt jetzt, daß $A \subset S \times V$ ist (S ist ein Keim!). Also ist auch

$B \subset T \times V$. Da $B \subset T \times \bar{V}$ abgeschlossen ist (vgl. (7.5), Bemerkung) und $T \times \bar{V} \to T$ eigentlich ist, folgt die Behauptung.

Man erhält damit ein Gruppoid $p_F\colon \underline{F}(F) \to \underline{G}$.

<u>Bemerkung.</u> Sind $\bar{\varphi}, \bar{\psi}$ Morphismen in $\underline{F}(F)$ mit $p_F(\bar{\varphi}) = p_F(\bar{\psi})$, so ist $\bar{\varphi} = \bar{\psi}$.

<u>(3.2).</u> Sei $X' \subset X$ offen, $\varphi\colon X' \xrightarrow{\sim} Y \subset U$ eine Karte ($U \subset \mathbb{C}^n$ offen) und $K \subset U$ ein $\varphi_*(E|X')$-privilegierter Polyzylinder. Sei

$$E_K := B_K \otimes_{\mathcal{O}_K} \varphi_*(E|X').$$

<u>Satz.</u> Der Funktor, der jedem banachanalytischen Raum S die Menge der S-anaplatten $B_{S\times K}$-Moduln zuordnet, die Quotienten von $S \times E_K$ sind, ist darstellbar (vgl. [64], Theoreme 4.13, [18] 8.4 und (7.6)).

Es existiert also ein banachanalytischer Raum $G_K(E)$ und ein $G_K(E)$-anaplatter $B_{G_K(E)\times K}$-Modul $R_K(E)$, der Quotient von $G_K(E) \times E_K$ ist, so daß für jeden banachanalytischen Raum S und jeden S-anaplatten $B_{S\times K}$-Modul H, der Quotient von $S \times E_K$ ist, genau ein Morphismus $\beta_K(H)\colon S \to G_K(E)$ existiert mit $(\beta_K(H)\times \mathrm{id}_K)^* R_K(E) = H$. Der Raum $G_K(E)$ ist die Menge der direkten Quotienten von $B(K, \varphi_*(E|X'))$, die eine endliche, direkte Auflösung besitzen.

<u>(3.3).</u> Sei $J = (I., (K_i), (K_i'))$ Typ einer 1-Panzerung und sei $(J, (Y_i), (f_i))$ eine F-privilegierte 1-Panzerung von $(\mathrm{supp}\, F, X)$,

die einer Überdeckung von $\operatorname{supp} F$ durch Karten $(V_\lambda, \varphi_\lambda, U_\lambda)$ von X untergeordnet ist (vgl. (0.16) - (0.19)).

<u>(3.4) Definition des Funktors $\tilde{Q}$.</u> Für $H \in \underline{F}(F)$ wird gesetzt

$$\tilde{Q}(H) := (\mathrm{id}\colon p_F(H) \to p_F(H))$$

und für jeden Morphismus $\bar{f} \in \underline{F}(F)$

$$Q(\bar{f}) := p_F(\bar{f}).$$

<u>Bemerkung.</u> Im allgemeinen (vgl. (4.16) und (5.20)) betrachtet man für jedes $i \in I$ "die Menge der Karten des Objektes über dem Polyzylinder K_i" und nimmt für Q(Objekt) das Faserprodukt (über dem darunterliegenden Raumkeim) über alle $i \in I$. In diesem Fall besteht "die Menge der Karten über K_i" jedoch nur aus einem Element (vgl. (3.1)) und man erhält eine triviale Darstellung.

<u>(3.5) Definition des Raumkeimes $\mathcal{Z}$.</u> Für $i \in I$ sei G_i der Keim von $G_{K_i}((\varphi_i)_* E)$ in $B(K_i, (\varphi_i)_* F)$ und $R_i := R_{K_i}((\varphi_i)_* E)$.

Sei $i \in \partial j$ und $\tau_{ji} := f_i^{-1} \circ f_j\colon Y_j \to Y_i$. Da nach Voraussetzung K_j $(\varphi_i)_* F$-privilegiert ist, folgt mit der Bemerkung in (7.5) und [18], 8.3 "Scholie", daß $R_{ji} := (\mathrm{id}_{G_i} \times \tau_{ji}) R_i$ ein G_i-anaplatter $B_{G_i \times K_j}$-Modul ist, d.h. ein V-anaplatter $B_{V \times K_j}$-Modul, für eine genügend kleine offene Umgebung V von $0 \in G_i$. Setzt man für jedes $j \in I_1$ $i := d_o j$ (bzw. $i := d_1 j$), so erhält man einen Morphismus

$$\prod_{\mu\in I_o} G_\mu \xrightarrow{p_i} G_i \xrightarrow{\beta_{K_j}(R_{ji})} G_j$$

und damit zwei Morphismen

$$\prod_{\mu\in I_o} G_\mu \rightrightarrows \prod_{\nu\in I_1} G_\nu \ .$$

Sei $\mathfrak{Z}$ der Kern dieses Doppelpfeiles.

Bemerkung. Da die G_i hausdorffsch sind (vgl. [18], 2.1), ist auch $\mathfrak{Z}$ hausdorffsch.

(3.6) Definition der Garbe R über $\mathfrak{Z} \times X$. Für alle $i \in I$ sei $Z_i := f_i(\mathring{Y}_i^!) \subset X$. Man betrachte

$$\mathfrak{Z} \times Z_i \xrightarrow{p_i \times id} G_i \times Z_i \xrightarrow{id \times \varphi_i} G_i \times \mathring{Y}_i^! \ .$$

Sei $\tilde{R}_i := (p_i \times \varphi_i)^* R_i$. Dies ist eine Quotientengarbe von $\mathfrak{Z} \times E \mid \mathfrak{Z} \times Z_i$.

Behauptung. Für alle $i,i' \in I_o$ gilt

$$\tilde{R}_i \mid Z_i \cap Z_{i'} = \tilde{R}_{i'} \mid Z_i \cap Z_{i'} \ .$$

Beweis dazu. Sei $z \in Z_i \cap Z_{i'}$. Dann existiert ein $j \in I_1$ mit $\partial j = \{i,i'\}$ und $z \in Z_j$. Dann gilt nahe $(0,z) \in \mathfrak{Z} \times X$

$\tilde{R}_i = (p_i \times \varphi_i)^* R_i = (p_i \times (\tau_{ji} \circ \varphi_j))^* R_i = (p_i \times id_X)^* (\beta_{K_j}(R_{ji}) \times \varphi_j)^* R_j$

$\tilde{R}_{i'} = (p_{i'} \times \varphi_{i'})^* R_{i'} = (p_{i'} \times (\tau_{ji'} \circ \varphi_j))^* R_{i'} = (p_{i'} \times id_X)^* (\beta_{K_j}(R_{ji'}) \times \times \varphi_j)^* R_j$.

Damit folgt aus der Definition von $\mathfrak{Z}$ die Behauptung.

Sei $N \subset X$ eine offene Menge mit $\operatorname{supp} F \subset N$ und $\bar{N} \subset \bigcup_{i \in I_o} Z_i$.
Sei L das Komplement von N in X.

Behauptung. Für alle $i \in I_o$ ist die Beschränkung von $\tilde{R}_i$ auf $\mathfrak{Z} \times (Z_i \cap L)$ die Nullgarbe.

Beweis. Mit der Bemerkung in (7.5) folgt, daß $T := \operatorname{supp}(R_i | G_i \times \mathring{K}_i)$ abgeschlossen in $G_i \times \mathring{K}_i$ ist. Sei $E := G_i \times \mathring{K}_i$, $A := T \cap (G_i \times K'_i)$ und $B := G_i \times (\mathring{K}_i \cap N)$. Da T abgeschlossen und K'_i kompakt ist, ist A eigentlich über G_i. Mit (7.14) folgt, daß $A(s) \subset B(s)$ ist für s nahe dem ausgezeichneten Punkt in G_i und damit die Behauptung.

Mit Hilfe der obigen Überlegungen erhält man jetzt eine $\mathfrak{Z}$-ana-platte Quotientengarbe $\tilde{R}$ von $\mathfrak{Z} \times E$ mit $\tilde{R} | \mathfrak{Z} \times Z_i = \tilde{R}_i$ und $\tilde{R} | \mathfrak{Z} \times L = 0$. Da $\operatorname{supp} \tilde{R} \subset \mathfrak{Z} \times \bar{N}$ abgeschlossen und $\bar{N}$ kompakt ist (die $\bar{Z}_i$ sind kompakt), ist $\operatorname{supp} \tilde{R}$ eigentlich über $\mathfrak{Z}$.

(3.7) Definition von φ_H und $\bar{\varphi}_H$. Sei $H \in \underline{F}(F)$. Mit (7.14) sieht man, daß für $s \in S := p(H)$ nahe 0 die Menge $\operatorname{supp} H(s)$ in N enthalten ist. Sei $H_i := (\varphi_i)_* H \mid S \times K_i$.

Behauptung. Der Morphismus

$$\varphi_H := \prod \beta_{K_i}(H_i) : S \to \prod_{i \in I_o} G_i$$

kann als Morphismus nach $\mathfrak{Z}$ aufgefaßt werden.

Beweis dazu. Für $\partial j = \{i, i'\}$ gilt

$$\beta_{K_j}(R_{ji}) \circ \beta_{K_i}(H_i) = \beta_{K_j}((\beta_{K_i}(H_i) \times \mathrm{id}_{K_i})^* R_{ji}) = \beta_{K_j}(H_j)$$

und analog

$$\beta_{K_j}(R_{ji'}) \circ \beta_{K_{i'}}(H_{i'}) = \beta_{K_j}(H_j) \; .$$

Damit folgt die Behauptung.

Behauptung. Es gilt

$$(\varphi_H \times \mathrm{id})^* \tilde{R} = H \; .$$

Nach Definition von φ_H gilt über $S \times \mathring{Y}_i'$

$$H_i = (\beta_{K_i}(H_i) \times \mathrm{id}_{K_i})^* R_i = ((p_i \circ \varphi_H) \times (f_i^{-1} \circ f_i))^* R_i =$$
$$= (\varphi_H \times f_i)^* \tilde{R}_i$$

und damit

$$H | Z_i = (\varphi_H \times \mathrm{id})^* \tilde{R}_i \; .$$

Da für $s \in S$ nahe bei 0 außerhalb von N $H(s) = 0$ ist, folgt die Behauptung.

(3.8) Satz. Das Tripel $(\tilde{Q}, (\bar{\varphi}_H), \tilde{R})$ ist eine Darstellung von $p_F \colon \underline{F}(F) \to \underline{G}$.

Beweis. Es ist nur noch (D) nachzuprüfen. Dies folgt aus der Tatsache, daß φ_H und $\bar{\varphi}_H$ für jedes $H \in \underline{F}(F)$ eindeutig bestimmt sind.

Bemerkung. Genauer müßte man schreiben $\tilde{Q}_F, \bar{\varphi}_{F,H}$ und $\tilde{R}_F$.

<u>(3.9) Satz.</u> Obige Darstellung ist kompakt fortsetzbar.

<u>Beweis.</u> Sei $(\hat{J},(\hat{Y}_i),(\hat{f}_i))$ eine F-privilegierte Fortsetzung von $(J,(Y_i),(f_i))$, die der Überdeckung (V_λ) untergeordnet ist (vgl. (0.25)). Seien $\hat{Q},\hat{\bar{\varphi}}_H,\hat{\mathfrak{z}}$ analog zu $Q,\bar{\varphi}_H,\mathfrak{z}$ definiert. Für alle $H \in \underline{F}(F)$ sei $i(H)$ die Identität auf $p_F(H)$. Seien $\hat{G}_i,\hat{R}_i$ analog zu G_i definiert. Sei ρ_i: $\hat{G}_i \to G_i$ die Beschränkung, das heißt $\rho_i := \beta_{K_i}(\hat{R}_i|\hat{G}_i \times K_i)$. Sei $j := \prod_{i\in I_o} \rho_i$.

Die Bedingungen (Kf1) und (Kf2) aus (1.23) sind trivialerweise erfüllt. Der Morphismus j ist kompakt, da die ρ_i kompakt sind (vgl. [18], § 4 Prop. 5). Die Bedingung (Kf4) ergibt sich aus

$$\beta_{K_i}(\hat{R}_i|\hat{G}_i \times K_i) \circ \beta_{\hat{K}_i}(\hat{H}_i) = \beta_{K_i}(H_i) \ .$$

<u>(3.10) Satz.</u> In $\underline{F}(F)$ existiert ein universelles Objekt, das über einem endlichdimensionalen Raumkeim liegt.

<u>Beweis.</u> Dies folgt mit (3.9) und (0.9) aus (1.35).

<u>Bezeichnung.</u> Das universelle Objekt wird mit R_F bezeichnet und es wird gesetzt $R_F := p_F(R_F)$.

<u>(3.11) Satz ("Offenheit der Universalität").</u> Es existiert eine offene Umgebung $V_F \subset R_F$ des ausgezeichneten Punktes, so daß für alle $r \in V_F$ R_F aufgefaßt als Garbe über $(R_F,r) \times X$ universell ist im Gruppoid $\underline{F}(R_F(r)) \to \underline{G}$.

Beweis. Mit Hilfe von (7.14) sieht man, daß für $r \in R_F$ nahe 0

(i) $$\operatorname{supp} \mathcal{R}_F(r) \subset \bigcup_{i \in I_0} Z_i$$

ist. Da die K_i $(\varphi_i)_*\mathcal{F}$-privilegiert sind, folgt (vgl. [18], 8.3 "Scholie"), daß für $r \in R_F$ nahe 0 gilt:

(ii) K_i ist $(\varphi_i)_*(\mathcal{R}_F(r))$-privilegiert für alle $i \in I_0$.

Sei $V_F \subset R_F$ eine offene Umgebung von 0, so daß (i) und (ii) erfüllt sind. Mit (1.36) und (1.12) erhält man in der hier vorliegenden Situation, daß $\mathcal{R}_F$ der Kern des Doppelpfeiles

(*) $$\tilde{\mathcal{R}}_F \underset{\bar{\varphi}_{\tilde{\mathcal{R}}_F}}{\overset{id}{\rightrightarrows}} \tilde{\mathcal{R}}_F$$

ist. Sei jetzt $r \in V_F$ fest und $\mathcal{G} := \mathcal{R}_F(r)$. Mit (i) und (ii) folgt, daß $(J,(Y_i),(f_i))$ eine $\mathcal{G}$-privilegierte 1-Panzerung von $(\operatorname{supp} \mathcal{G}, X)$ ist. Wie in (3.10) erhält man ein universelles Objekt $\mathcal{R}_G$ und man sieht wie oben, daß $\mathcal{R}_G$ Kern des Doppelpfeiles

(**) $$\tilde{\mathcal{R}}_G \underset{\bar{\varphi}_{\tilde{\mathcal{R}}_G}}{\overset{id}{\rightrightarrows}} \tilde{\mathcal{R}}_G$$

ist. Unmittelbar aus den Definitionen folgt, daß $\bar{\varphi}_G$ und $\bar{\varphi}_F$, aufgefaßt als Morphismus über $(R_F, r) \times X$, übereinstimmen. Mit (*) und (**) folgt die Behauptung.

(3.12) Satz. Es existiert ein komplexer Raum $R(\mathcal{E})$ und eine $R(\mathcal{E})$-anaplatte Quotientengarbe $\mathcal{R}(\mathcal{E})$ von $R(\mathcal{E}) \times \mathcal{E}$, deren Träger eigentlich über $R(E)$ liegt, so daß für jeden banachanalytischen Raum S und jede S-anaplatte Quotientengarbe H von $S \times E$, deren Träger eigentlich über S liegt, genau ein Morphismus $f: S \to R(E)$ existiert mit $H = f^*R(E)$.

Beweis. Sei $|R(E)|$ die Menge kohärenter analytischer Quotientengarben von E mit kompaktem Träger. Man kann dann für alle kohärenten analytischen Quotientengarben F von E $|V_F|$ (die zugrundeliegende Menge von V_F) als Teilmenge von $|R(E)|$ auffassen. Wegen der Offenheit der Universalität kann man die V_F zu einem endlichdimensionalen banachanalytischen Raum $R(E)$ verkleben, dessen zugrundeliegende Menge $|R(E)|$ ist. Die über V_F liegenden Garben R_F verkleben sich zu einer $R(E)$-anaplatten Quotientengarbe $R(E)$ von $R(E) \times E$, deren Träger eigentlich über $R(E) \times X$ liegt.

1. Zwischenbehauptung. $R(E)$ ist hausdorffsch.

Beweis dazu. Seien $F, G \in R(E)$ und sei $X' := \mathrm{supp} F \cup \mathrm{supp} G$. Sei $(J, (Y_i), (f_i))$ eine (F,G)-privilegierte 1-Panzerung von (X', X), $J = (I., (K_i), (K_i'))$ (vgl. (0.17)). Die Mengen V_F und V_G sind dann in demselben Produkt von Grassmanschen enthalten (vgl. (3.5)) und deshalb existieren offene Umgebungen $V_F' \subset V_F$ bzw. $V_G' \subset V_G$ der entsprechenden ausgezeichneten Punkte, so daß $V_F' \cap V_G' = \emptyset$ ist. Die Äquivalenzklassen von V_F' bzw. V_G' in $R(E)$ sind dann ebenfalls offen und disjunkt.

2. Zwischenbehauptung. $R(E)$ erfüllt die universelle Eigenschaft.

Beweis dazu. Seien S, H wie in der Formulierung des Satzes. Für jedes $s \in S$ erhält man einen eindeutig bestimmten Morphismus $f_s: (S,s) \to R_{H(s)}$ mit $f_s^* R_{H(s)} = H | (S,s) \times X$. Wegen der "Offenheit der Universalität" verkleben sich diese zu einem Morphismus $f: S \to R(E)$ mit $f^* R(E) = H$.

Folgerung. Setzt man für $E := \mathcal{O}_X$, so erhält man auf der Menge der kompakten Unterräume von X eine komplexe Struktur.

(3.13). Mit Hilfe von (3.12) kann man eine relative Version von (3.12) beweisen. Man vergleiche dazu [61] und [69].

§ 4 Deformationen von Prinzipalfaserbündeln

(4.1) Definition. Sei X ein banachanalytischer Raum und G eine (endlichdimensionale) komplexe Liegruppe. Ein G-Prinzipalfaserbündel über X ist ein banachanalytischer Raum F, auf dem G (von rechts) operiert, zusammen mit einem Morphismus $\pi: F \to X$, so daß gilt:

Für jeden Punkt $x \in X$ existiert eine offene Umgebung $U \subset X$ und ein Isomorphismus $\varphi: \pi^{-1}(U) \to U \times G$ über X mit

$$\varphi^{-1}(y, g\cdot h) = \varphi^{-1}(y,g)\cdot h$$

für alle $y \in U$ und $g,h \in G$.

Morphismen zwischen G-Prinzipalfaserbündeln werden so definiert, daß sie mit den Operationen von G verträglich sind.

Zur Theorie der Prinzipalfaserbündel vergleiche man z.B. [6], [24] und [36].

(4.2) Bemerkungen. Sei $\pi: F \to X$ ein G-Prinzipalfaserbündel und $f: X' \to X$ ein Morphismus zwischen banachanalytischen Räumen.

1) Ist $\sigma: X' \to F$ ein Morphismus mit $\pi \circ \sigma = f$, so liefert $X' \times G \to F$, $(x,g) \mapsto \sigma(x)\cdot g$ einen G-Morphismus über f. Damit erhält man einen Isomorphismus von der Menge der Morphismen $\sigma: X' \to F$ mit $\pi \circ \sigma = f$ in die Menge der G-Morphismen $X' \times G \to F$ über f. Die Umkehrabbildung wird gegeben durch $\tilde{f} \mapsto \tilde{f}|X' \times \{1\}$.

2) Ist in 1) $X' = X$ und $f = id_X$, so erhält man einen Isomorphismus von der Menge der Schnitte gegen π in die Menge der Trivialisierungen von F.

3) Auf dem Faserprodukt $X' \times_X F$ hat man auf natürliche Weise eine Operation von G, so daß $X' \times_X F$ ein G-Prinzipalfaserbündel und (pr_F, f) ein G-Morphismus nach $\pi: F \to X$ wird.

4) Ist $F' \to X'$ ein G-Prinzipalfaserbündel und $\tilde{f}: F' \to F$ ein G-Morphismus über f, so existiert genau ein G-Isomorphismus $\tilde{\alpha}: F' \to X' \times_X F$ mit $pr_F \circ \tilde{\alpha} = \tilde{f}$.

5) Ist f ein Isomorphismus und $\tilde{f}: X' \times G \to X \times G$ ein G-Morphismus über f, gegeben durch $\sigma: X' \to G$, so wird $\tilde{f}^{-1}$ gegeben durch $(\sigma \circ f^{-1})^{-1}: X \to G$.

<u>(4.3) Satz.</u> Banachanalytische Modelle sind parakompakt.

<u>Beweis.</u> Als Teilmenge eines metrischen Raumes ist ein banachanalytisches Modell wieder ein metrischer Raum und damit parakompakt ([68], S. 90).

<u>(4.4) Satz.</u> Komplexe Räume sind lokal zusammenziehbar.

<u>Beweis.</u> Dies folgt unmittelbar aus einem Satz von B.O. Koopman und A.B. Brown ([46]).

<u>(4.5) Gegenbeispiel.</u> Sei $M := \{\frac{1}{n} | n \in \mathbb{Z}\} \cup \{0\} \subset \mathbb{R}$. Dies ist ein kompakter metrischer Raum und damit nach einem Satz von Douady ([20]) homöomorph zu einem banachanalytischen Raum. Dieser ist jedoch nicht lokal zusammenziehbar.

(4.6) Satz. Sei $F \to X$ ein G-Prinzipalfaserbündel, X' ein parakompakter Raum und seien $f_o, f_1 \colon X' \to X$ stetige, homotope Abbildungen.

Behauptung. f_o^*F und f_1^*F sind G-isomorph (topologisch!).

Beweis. Siehe [36] S. 141.

(4.7) Folgerung. Mit obigen Voraussetzungen gilt: Ist X parakompakt und zusammenziehbar, so ist F (topologisch) trivial.

(4.8) Satz (Houzel; [37], S. 268). Sei X ein komplexer Raum, (S,s_o) ein banachanalytischer Raumkeim, $F \to X \times S$ ein G-Prinzipalfaserbündel und $K \subset X$ ein Steinsches Kompaktum.

Behauptung. Ist F in einer Umgebung von $K \times S \subset X \times S$ topologisch trivial, so ist F in einer Umgebung von $K \times \{s_o\} \subset X \times S$ analytisch trivial.

(4.9) Satz. Sei X ein komplexer Raum, $K \subset X$ ein Steinsches Kompaktum, das in einer zusammenziehbaren offenen Menge $X \supset V \supset K$ enthalten ist. Weiterhin sei (S,s_o) ein banachanalytischer Raumkeim.

Behauptung. Jedes G-Prinzipalfaserbündel $F \to X \times S$ ist in einer Umgebung von $K \times \{s_o\} \subset X \times S$ trivial.

Beweis. Sei $x_o \in \mathring{K}$ und sei $f \colon V \times S \to V \times S$ gegeben durch $f(x,s) := (x_o,s)$. Für eine genügend kleine Umgebung $S' \subset S$ von

s_o ist $f^*F \mid V \times S'$ trivial. Da V zusammenziehbar ist, ist f homotop zu $id_{V\times S}$ und nach (4.6) ist dann $F = id^*_{V\times S}F$ G-isomorph zu f^*F. Damit folgt die Behauptung.

Im folgenden seien fest vorgegeben: eine (endlichdimensionale) komplexe Liegruppe G, ein kompakter komplexer Raum X und ein G-Prinzipalfaserbündel $F_o \to X$.

<u>(4.10) Bezeichnungen.</u> Mit $\underline{P}$ (bzw. $\underline{P}'$) werde die Kategorie bezeichnet, deren Objekte G-Prinzipalfaserbündel über $X \times S$ für ein $S \in \underline{A}$ (bzw $S \in \underline{G}$) sind und deren Morphismen Paare $\bar{f} = (\tilde{f}, f)$ sind, so daß $(\tilde{f}, id_X \times f)$ ein Morphismus zwischen G-Prinzipalfaserbündeln ist. Man erhält Gruppoide

$$r: \underline{P} \to \underline{A} \quad (\text{bzw.} \quad r': \underline{P}' \to \underline{G}).$$

<u>(4.11) Definition.</u> Eine Deformation von $F_o \to X$ ist ein Tripel (S, F, τ), wobei S ein banachanalytischer Raumkeim, $F \to X \times S$ ein G-Prinzipalfaserbündel und $\tau: F_o \to F \mid X \times 0$ ein G-Isomorphismus über dem kanonischen Isomorphismus $X \to X \times 0$ ist.

Ein Morphismus zwischen zwei Deformationen wird gegeben durch $\bar{f} = (\tilde{f}, f) \in \underline{P}'$, so daß $\tilde{f}$ mit den entsprechenden τ's kommutiert.

Man erhält ein Gruppoid $p: \underline{F} \to \underline{G}$.

<u>(4.12).</u> Sei $K \subset \mathbb{C}^n$ ein Polyzylinder, $Y \subset K$ ein privilegierter Unterraum und $\varphi: Y \to X$ ein Morphismus. Sei $a = (F \to X \times S)$ ein Objekt aus $\underline{P}$ derart, daß F in einer Umgebung von $\varphi(Y)$ trivial ist.

Seien $F'' \to X \times S''$ und $F' \to X \times S'$ aus $\underline{P}$ und $\bar{f} = (\tilde{f}, f)$ ein Morphismus dazwischen.

Satz. Für jeden G-Morphismus $\tilde{u}: Y \times S' \times G \to F'$ über $\varphi \times id_{S'}$ existiert ein eindeutig bestimmter G-Morphismus $\bar{f}*\tilde{u}$, der das folgende Diagramm kommutativ macht:

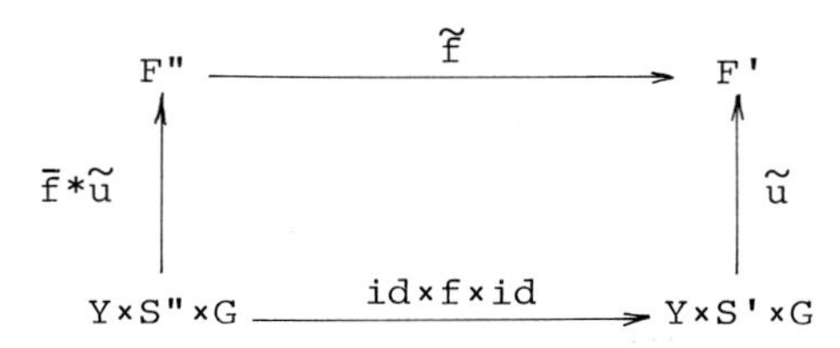

Beweis. Man benutze (4.2) und daß F' bzw. F'' in einer Umgebung von $\varphi(Y)$ trivial sind.

Bemerkung. $\bar{f}*\tilde{u}$ ist funktionell in $\bar{f}$.

Man erhält jetzt einen kontravarianten Funktor

$$M_{Y,a}: \underline{P}_a \to \underline{\text{Ens}}$$

$M_{Y,a}(F' \to X \times S') := \{$G-Morphismen $\tilde{u}: Y \times S' \times G \to F'$, die über $\varphi \times id_{S'}$ liegen$\}$

$$M_{Y,a}(\bar{f})(\tilde{u}) := \bar{f}*\tilde{u}.$$

(4.13) Satz. Obiger Funktor ist darstellbar.

Beweis. Das Bündel F wird vermöge $F \xrightarrow{\pi} X \times S \xrightarrow{pr} S$ als Raum über S aufgefaßt. Seien

$$\alpha,\beta\colon \mathcal{Mor}_S(Y\times S,F) \to \mathcal{Mor}_S(Y\times S,X\times S)$$

gegeben durch

$$(s,f) \mapsto (s,(\varphi\times id_S)(s))$$

bzw.

$$(s,f) \mapsto (s,\pi(s)\circ f)$$

(vgl. (0.10)). Sei

$$\mathcal{Mor}_{S,G,\varphi}(Y \times S \times G,F) := \mathrm{Ker}(\alpha,\beta)$$

und $m_{Y,G,F}$ die Einschränkung des universellen Morphismus über $\mathcal{Mor}_S(Y \times S,F)$ auf $\mathcal{Mor}_{S,G,\varphi}(Y \times S \times G,F)$. Mit Hilfe des Isomorphismus aus (4.2),1) sieht man, daß $\mathcal{Mor}_{S,G,\varphi}(Y \times S \times G,F)$, $m_{Y,G,\varphi}$ obigen Funktor darstellen.

Der Index φ wird, falls keine Mißverständnisse zu befürchten sind, weggelassen. Ist S ein Punkt, so wird der Index S weggelassen.

<u>(4.14) Bemerkungen.</u> 1) Ein verallgemeinerter Punkt aus $\mathcal{Mor}_{S,G}(Y \times S \times G,F)$ ist ein Paar $(s,\tilde{g})$, wobei $s\colon T \to S$ und $\tilde{g}\colon Y \times T \times G \to F(s)$ ein G-Morphismus über $\varphi \times id_T$ ist.

2) Ist $X' \subset X$ offen und $\varphi(Y) \subset X'$, so ist

$$\mathcal{Mor}_{S,G}(Y \times S \times G,F) = \mathcal{Mor}_{S,G}(Y \times S \times G,F \mid X' \times S).$$

3) Sei $X' \subset X$ offen, so daß $\varphi(Y) \subset X'$ und F über $X' \times S$ trivial ist. Dann gilt:

$$\mathcal{Mor}_{S,G}(Y \times S \times G, F) = \mathcal{Mor}_{S,G}(Y \times S \times G, F \mid X' \times S) \simeq$$

$$\mathcal{Mor}_{S,G}(Y \times S \times G, X' \times S \times G) = \mathcal{Mor}_S(Y \times S, S \times G) =$$

$$= S \times \mathcal{Mor}(Y,G).$$

Das vorletzte Gleichheitszeichen erhält man mit (4.2) (die beiden $\mathcal{Mor}$-Räume haben "dieselben" verallgemeinerten Punkte).

4) Sei (U,φ,V) eine Karte von G (vgl. (0.16)), $V \subset \mathbb{C}^p$ offen und (s_o,h_o) ein Punkt aus $M := \mathcal{Mor}_{S,G}(Y \times S \times G, X \times S \times G)$, so daß $pr_G \circ h_o(Y \times \{1\}) \subset U$ ist. Aus (6.14) folgt, daß für $(s,h) \in M$ nahe bei (s_o,h_o) auch die Menge $pr_G \circ h(Y \times \{1\})$ in U enthalten ist (man setze $A := Y \times M$ und $B := \{(y;s,h) \in Y \times M \mid pr_G \circ h(y,1) \in U\}$). Dann ist $M = \mathcal{Mor}_S(Y \times S, S \times G)$ eine offene Teilmenge von $B(K, \mathcal{B}_{Y \times S})^p$ und damit in (s_o,h_o) glatt über S (vgl. (6.9)).

(4.15). Sei $(V_\lambda)_{\lambda \in \Lambda}$ eine endliche Familie von Steinschen Kompakta, so daß jedes V_λ in einer zusammenziehbaren Kartenumgebung von X enthalten ist und die $\mathring{V}_\lambda$ den Raum X überdecken. Seien $(\mathring{V}_\lambda, \psi_\lambda, W_\lambda)$ Karten von X. Nach (0.19) existiert ein Typ einer 2-Panzerung $\mathcal{J}$ und eine 2-Panzerung $(\mathcal{J},(Y_i),(f_i))$ von (X,X), die der Überdeckung $(\mathring{V}_\lambda)_{\lambda \in \Lambda}$ untergeordnet ist. Es ist dann $f_i = \psi^{-1}_{\lambda(i)} \mid Y_i$. Nach (4.9) ist F_o in einer Umgebung von jedem V_i trivial. Für jedes $\lambda \in \Lambda$ existiert also ein G-Isomorphismus $\tilde{\psi}_\lambda : F_o \mid \mathring{V}_\lambda \to \psi_\lambda(\mathring{V}_\lambda) \times G$. Für jedes $i \in I$ sei

$$\tilde{f}_i := \tilde{\psi}^{-1}_{\lambda(i)} \mid Y_i \times G.$$

Die $\tilde{f}_i$ seien für den Rest des Paragraphen fest vorgegeben.

<u>Satz.</u> Ist (S,F,τ) eine Deformation von F_o, so ist für alle $i \in I$ der Raum $\mathcal{Mor}_{S,G}(Y_i \times S \times G,F)$ im Punkte $(0,\tau \circ \tilde{f}_i)$ glatt über S.

<u>Beweis.</u> Sei $i \in I$, $Y := Y_i$, $\tilde{f} := \tilde{f}_i$, $V := \mathring{V}_{\lambda(i)}$, $\tilde{\psi} := \tilde{\psi}_{\lambda(i)}$ und $\psi := \psi_{\lambda(i)}$. Da wegen (4.9) $F|V \times S$ trivial ist, kann man annehmen, daß $F = X \times S \times G$ ist (vgl. (4.14)). Sei $\sigma := \tilde{\psi}^{-1} \circ (\psi,1)$. Dies ist ein Schnitt gegen $F_o|V \to V$. Sei $\mu: V \times S \to F|V \times S$ der durch $(x,s) \mapsto (x,s,pr_G \circ \tau \circ \sigma \circ pr_V)$ gegebene Schnitt. Man betrachte dazu das Diagramm

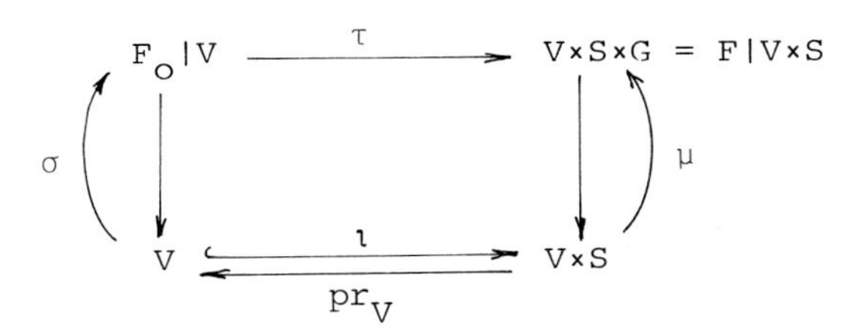

Es gilt $\tau \circ \sigma = \tau \circ \sigma \circ pr_V \circ \iota = \mu \circ \iota$. Sei α der durch μ definierte G-Isomorphismus (vgl. (4.2)) und $\beta := \alpha^{-1}$. Durch β wird ein S-Automorphismus von $\mathcal{Mor}_{S,G}(Y \times S \times G,F)$ induziert. Es gilt:

$$pr_G \circ \beta \circ \tau \circ \tilde{f}(Y \times \{1\}) = pr_G \circ \beta \circ \tau \circ \sigma \circ f(Y) =$$

$$= pr_G \circ \beta \circ \mu \circ \iota \circ f(Y) = \{1\} \subset G.$$

Mit (4.14) 4) folgt die Behauptung.

(4.16) Definition des Funktors $\tilde{Q}$. Die $\tilde{f}_i$ liefern zunächst ein Element $q_o \in \prod_{i\in I} Mor(Y_i \times G, F_o)$. Ist $a := (S,F,\tau)$ eine Deformation von F_o, so sei $Q(a)$ der Keim von $\prod_S Mor_S(Y_i \times S \times G, F)$ im Punkte $(0, \tau \circ q_o)$. Das Faserprodukt ist dabei über alle $i \in I$ zu nehmen. Aus (4.15) folgt, daß $Q(a) \to S$ glatt ist. Ist $\bar{h} = (\tilde{h}, h): a \to a'$ ein Morphismus in $\underline{F}$, so sei

$$Q(\bar{h}): Q(a) \longrightarrow Q(a')$$

$$(s,\ldots,\tilde{g}_i,\ldots) \longmapsto (s,\ldots,\tilde{h}(s)\circ\tilde{g}_i,\ldots).$$

Man erhält damit einen kovarianten Funktor

$$\tilde{Q}: \underline{F} \to \underline{L}$$

(vgl. (1.2)).

(4.17) Definition des Raumkeimes $\mathfrak{Z}$. Seien $i,k,j \in I$ mit $j \in \partial k$ und $i \in \partial j$. Man hat dann den Morphismus

$$\chi_{k,j,i}: Mor_G(Y_k \times G, \mathring{Y}_j \times G) \times Mor_G(Y_j \times G, \mathring{Y}_i \times G) \to Mor_G(Y_k \times G, \mathring{Y}_i \times G)$$
$$(\tilde{g},\tilde{h}) \longmapsto \tilde{h}\circ\tilde{g}\ .$$

Dabei wurden die Indizes $f_j^{-1}\circ f_k$, $f_i^{-1}\circ f_j$ bzw. $f_i^{-1}\circ f_k$ an den jeweiligen Mor-Räumen weggelassen. Für $i,k \in I$ mit $i \in \partial\partial k$ sei $I_{k,i} := \{(j,j') \in I_1^2 \mid j \in \partial k,\ j' \in \partial k,\ i \in \partial j \cap \partial j'\}$. Man erhält jetzt wie folgt zwei Morphismen

$$\prod_{\substack{(k,j)\in I_2\times I_1\\ j\in\partial k}} Mor_G(Y_k\times G, \mathring{Y}_j\times G) \times \prod_{\substack{(j,i)\in I_1\times I_o\\ i\in\partial j}} Mor_G(Y_j\times G, \mathring{Y}_i\times G) \rightrightarrows$$

$$\rightrightarrows \prod_{\substack{(k,i)\in I_2\times I_o\\ i\in\partial\partial k}} (Mor_G(Y_k\times G, \mathring{Y}_i\times G) \times I_{k,i}) :$$

Um die Komponente nach $Mor_G(Y_k \times G, \mathring{Y}_i \times G) \times \{(j,j')\}$ zu erhalten, projiziere man auf die zu (k,j) und (j,i) bzw. (k,j') und (j',i) gehörigen Faktoren und komponiere mit $\chi_{k,j,i}$ bzw. $\chi_{k,j',i}$. Sei $\mathfrak{Z}$ der Keim des Kernes dieses Doppelpfeiles im Punkte $(\ldots,\tilde{f}_j^{-1}\circ\tilde{f}_k,\ldots;\ldots,\tilde{f}_i^{-1}\circ\tilde{f}_j,\ldots)$.

<u>(4.18) Konstruktion von $\mathcal{F}\to X\times\mathfrak{Z}$.</u> Das Gruppoid der Prinzipalfaserbündel über banachanalytischen Räumen erfüllt die Verklebebedingungen (V1) und (V2) aus (2.1). Sei $\mathfrak{z}: T\to\mathfrak{Z}$ ein verallgemeinerter Punkt aus $\mathfrak{Z}$. Dieser wird gegeben durch ein System von Morphismen $\tilde{h}_i^j: Y_j\times T\times G\to\mathring{Y}_i\times T\times G$ über $(f_i^{-1}\circ f_j)\times id_T$ $(i,j\in I, i\in\partial j)$. Sei $z:=((\mathring{Y}_i\times T\times G)_{i\in I},(\mathring{Y}_i^!\times T\times G)_{i\in I'},(\tilde{h}_i^j|\mathring{Y}_i\times T\times G)_{i,j\in I,i\in\partial j})$ und $\eta:=((\mathring{Y}_i\times T)_{i\in I},(\mathring{Y}_i^!\times T)_{i\in I'},(f_i\times id_T|\mathring{Y}_i\times T)_{i\in I})$. Aus der Definition einer Panzerung (vgl. (0.17)) folgt, daß η ein I.-Atlas von $X\times T$ ist. Mit (2.7) ergibt sich daraus, daß $\phi(\eta)=((\mathring{Y}_i\times T),(\mathring{Y}_i^!\times T),((f_i^{-1}\circ f_j)\times id_T|\mathring{Y}_j\times T))$ ein I.-Puzzle in $id:\underline{A}_T\to\underline{A}_T$ ist. Daraus folgen die Bedingungen (Pz0),(Pz2) und (Pz3) für z. Die Bedingung (Pz1) ergibt sich aus der Definition von $\mathfrak{Z}$. Also ist z ein I.-Puzzle im Gruppoid der G-Prinzipalbündel über banachanalytischen Räumen. Sei jetzt

$$\mathcal{F}(\mathfrak{z}):=\Psi(z)$$

(vgl. (2.8)). Mit (2.9) erhält man, daß $\Psi\circ\phi(\eta,X\times T)$ T-isomorph zu $X\times T$ ist. Man kann also $\mathcal{F}(\mathfrak{z})$ als G-Prinzipalbündel über $X\times T$ auffassen. Setzt man $\mathfrak{z}=id_{\mathfrak{Z}}$, so erhält man ein G-Prinzipalbündel $\mathcal{F}\to X\times\mathfrak{Z}$.

<u>(4.19) Definition von φ_a.</u> Sei $a:=(S,F,\tau)$ eine Deformation von F_o.

Es wird definiert

$$\varphi_a\colon Q(a) \longrightarrow \mathfrak{Z}$$
$$(s,\ldots,\tilde{g}_i,\ldots,\tilde{g}_j,\ldots) \mapsto (\ldots,\tilde{g}_i^{-1}\circ\tilde{g}_j,\ldots), \quad (i \in \partial j).$$

Dies ist ein Morphismus nach $\mathfrak{Z}$!

Im folgenden wird in $p\colon \underline{F} \to \underline{G}$, $r'\colon \underline{P}' \to \underline{G}$ und im Gruppoid der G-Prinzipalbündel über banachanalytischen Räumen gerechnet. Man vergleiche (1.2) und (1.3) für die Definitionen von π_a^* und π^*.

<u>(4.20) Definition von $\tilde{\varphi}_a$.</u> Sei $a := (S,F,\tau)$ eine Deformation von F_o. Sei $q \in Q(a)$ ein verallgemeinerter Punkt, gegeben durch $s\colon T \to S$ und ein System von G-Morphismen $\tilde{g}_i\colon Y_i \times T \times G \to F(s)$ über $f_i \times id_T$. Die $\mathring{Y}_i \times T \times G$, $\mathring{Y}_i' \times T \times G$, $\tilde{g}_i|\mathring{Y}_i \times T \times G$ bilden einen I.-Atlas von $F(s)$, welcher mit η_q bezeichnet wird. Aus der Definition von $\mathcal{F}$ und φ_a ergibt sich $\Psi \circ \phi(\eta_q) = \mathcal{F}(\varphi_a(q))$ (vgl. (2.7) und (2.8)). Mit (2.9) erhält man einen Isomorphismus $\Theta(\eta_q, F(s))\colon \mathcal{F}(\varphi_a(q)) \to F(s) = (\pi_a^* F)(q)$. Das Inverse davon liefert einen Isomorphismus $\tilde{\varphi}_a(q)\colon (\pi_a^* F)(q) \to \mathcal{F}(\varphi_a(q))$. Damit erhält man einen Morphismus

$$\tilde{\varphi}_a\colon \pi_a^* F \to \mathcal{F}.$$

<u>(4.21).</u> Sei $a=(S,F,\tau)\in\underline{F}$ und $(Q(a),\pi_a^*F,\rho) := \pi^* a$. Dann wird gesetzt

$$\mathfrak{a} := (\mathfrak{Z}, \mathcal{F}, \tilde{\varphi}_a \circ \rho).$$

Im nächsten Satz wird gezeigt:

(*) Die Definition von $\mathfrak{a}$ hängt nicht von a ab.

Jetzt wird definiert:

$$\bar{\varphi}_a := (\tilde{\varphi}_a, \varphi_a).$$

Dies ist ein Morphismus in $\underline{F}$!

<u>(4.22) Satz.</u> Durch $\mathfrak{a}, \tilde{Q}, (\bar{\varphi}_a)_{a \in \underline{F}}$ wird eine Darstellung von $p\colon \underline{F} \to \underline{G}$ gegeben.

<u>Beweis.</u> Seien $a = (S,F,\tau)$ und $a' := (S,F',\tau')$ Deformationen von F_o und $\bar{h} = (\tilde{h},h)\colon a \to a'$ ein Morphismus. Zunächst wird gezeigt, daß das Diagramm

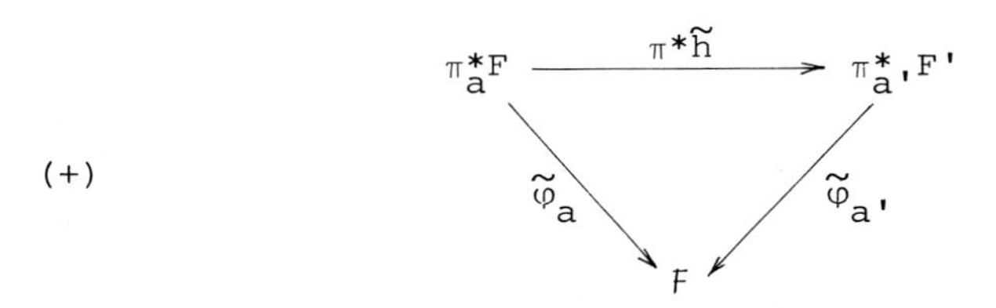

kommutiert.

Dabei sei $\pi^*\tilde{h}$ definiert durch $\pi^*\bar{h} = (\pi^*\tilde{h}, Q(\bar{h}))$.

<u>Beweis, daß (+) kommutiert.</u> Sei $q = (s,\ldots,\tilde{g}_i,\ldots) \in Q(a)$ ein verallgemeinerter Punkt. Es gilt

$$\varphi_a(q) = (\ldots,\tilde{g}_i^{-1} \circ \tilde{g}_j,\ldots) = (\ldots,(\tilde{h}(s) \circ \tilde{g}_i)^{-1} \circ (\tilde{h}(s) \circ \tilde{g}_j),\ldots) =$$
$$= \varphi_{a'}(Q(\bar{h})(q))$$

und damit

$$(\times) \qquad \varphi_a = \varphi_{a'} \circ Q(\bar{h}).$$

Sei $q' := Q(\bar{h}(q) \in Q(a')$. Wie in (4.18) hat man einen I.-Atlas $\eta_{q'}$ von $F'(h(s))$ und Isomorphismen

$$\Theta(\eta_q, F(s)) : \mathcal{F}(\varphi_a(q)) \to F(s) = (\pi_a^* F)(q)$$

$$\Theta(\eta_{q'}, F'(h(s))) : \mathcal{F}(\varphi_{a'}(q')) \to F'(h(s)) = (\pi_{a'}^* F')(q') \ .$$

Aus (x) folgt $\mathcal{F}(\varphi_{a'}(q')) = \mathcal{F}(\varphi_a(q))$ und aus (2.10)

$$\text{(xx)} \qquad \Theta(\eta_{q'}, F'(h(s))) = \tilde{h}(s) \circ \Theta(\eta_q, F(s)) = \pi^*\tilde{h}(q) \circ \Theta(\eta_q, F(s)) .$$

Die letzte Gleichung ergibt sich dabei unmittelbar aus der Definition von π^* (vgl. (1.3)). Aus (xx) folgt

$$\tilde{\varphi}_a(q) = \tilde{\varphi}_{a'}(q') \circ \pi^*\tilde{h}(q)$$

und damit

$$\tilde{\varphi}_a = \tilde{\varphi}_{a'} \circ \pi^*\tilde{h}.$$

Bemerkung. Da $\pi^*\tilde{h}$ mit den entsprechenden τ's kommutiert, folgt die Aussage (*) aus (4.21).

Daraus ergibt sich $\bar{\varphi}_a = \bar{\varphi}_{a'} \circ \pi^*\bar{h}$ und damit die Behauptung.

(4.23) Satz. Obige Darstellung ist kompakt fortsetzbar.

Beweis. Sei $J \subset\subset \hat{J}$ und $(\hat{J}, (\hat{Y}_i), (\hat{f}_i))$ eine Fortsetzung von $(J, (Y_i), (f_i))$, die der Überdeckung $(\mathring{V}_\lambda)_{\lambda \in \Lambda}$ untergeordnet ist (vgl. (0.25) und (4.15)). Mit einem ^ werden im folgenden jeweils analog definierte Objekte über der fortgesetzten Panzerung bezeichnet.

Sei $a: (S, F, \tau) \in \underline{F}$ und für alle $i \in I$ $H_i := Y_i \times S \times G$.

Seien

$$i(a):\ \hat{\Omega}(a) \longrightarrow \Omega(a)$$

$$(s,\ldots,\tilde{g}_i,\ldots) \mapsto (s,\ldots,\tilde{g}_i | H_i(s),\ldots)$$

und

$$j:\ \hat{\mathfrak{Z}} \longrightarrow \mathfrak{Z}$$

$$(\ldots,\tilde{h}_i^j,\ldots) \mapsto (\ldots,\tilde{h}_i^j | Y_j \times G,\ldots).$$

Mit (4.14) 3) und (0.26) folgt, daß die Komponenten von $i(a)$ und j und damit auch $i(a)$ und j selbst S-kompakt bzw. kompakt sind.

Sei $a' \in \underline{F}$ und $\bar{h} = (\tilde{h},h): a \to a'$ ein Morphismus. Aus $(\tilde{h}(s) \circ \tilde{g}_i) \mid H_i(s) = \tilde{h}(s) \circ (\tilde{g}_i | H_i(s))$ folgt die Kommutativität von

$$\begin{array}{ccc} \hat{\Omega}(a) & \xrightarrow{\hat{\Omega}(\bar{h})} & \hat{\Omega}(a') \\ {\scriptstyle i(a)}\downarrow & & \downarrow{\scriptstyle i(a')} \\ \Omega(a) & \xrightarrow{\Omega(\bar{h})} & \Omega(a') \end{array}$$

Analog folgt die Kommutativität von

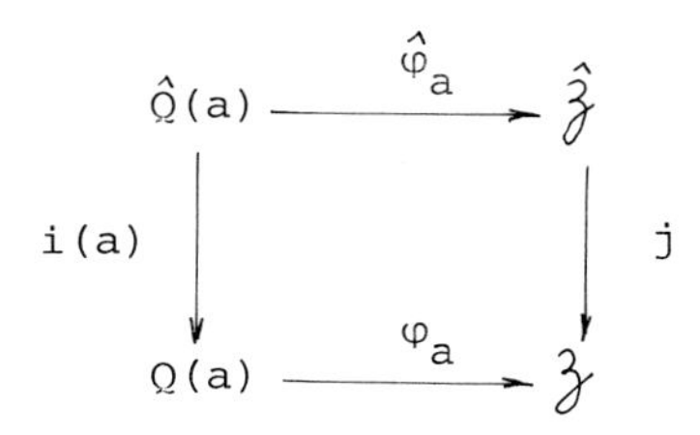

Damit ist der Satz bewiesen.

(4.24) Existenzsatz. Sei X ein kompakter komplexer Raum und F_o ein G-Prinzipalfaserbündel über X. Dann existiert eine (endlichdimensionale) semiuniverselle Deformation von F_o.

Beweis. Nach (4.22) und (4.23) besitzt das Gruppoid $p: \underline{F} \to \underline{G}$ (vgl. (4.11)) eine kompakt fortsetzbare Darstellung $(\alpha, \tilde{Q}, (\bar{\varphi}_a)_{a \in \underline{F}})$.

Zwischenbehauptung. Diese Darstellung erfüllt die Bedingung (S) aus (1.37).

Beweis dazu. Seien $a = (S,F,\tau)$ und $a' = (S',F',\tau')$ Deformationen von F_o und $\bar{f} = (\tilde{f},f)$ bzw. $\bar{h} = (\tilde{h},h)$ Morphismen von a nach a' mit $f = h$. Es genügt die Implikation "2) $\Rightarrow$ 1)" von (S) nachzuweisen. Sei also $\sigma: S \to Q(a)$ ein Schnitt mit $Q(\bar{f}) \circ \sigma = Q(\bar{h}) \circ \sigma$. Ein Schnitt ist ein S-Punkt aus $Q(a)$ der Form $(id, \ldots, \tilde{g}_i, \ldots)$. Für alle $i \in I$ gilt also $\tilde{f}(id) \circ \tilde{g}_i = \tilde{h}(id) \circ \tilde{g}_i$ (vgl. (4.16)). Da die $\mathring{Y}_i^!$, $i \in I_o$ wegen (P1) ganz X überdecken, bilden die $\tilde{g}_i | \mathring{Y}_i^! \times S \times G$: $\mathring{Y}_i^! \times S \times G \to F$, $i \in I_o$ einen Bündelatlas von F. Daraus folgt $\tilde{f} = \tilde{h}$ und damit die Zwischenbehauptung.

Mit (1.37) folgt jetzt der Existenzsatz.

§ 5 Deformationen von kompakten komplexen Räumen

(5.1). Im folgenden sei X_o ein fest vorgegebener kompakter komplexer Raum.

Bezeichnungen. Mit $\underline{P}$ (bzw. $\underline{P}'$) werde die Kategorie bezeichnet, deren Objekte analytische Abbildungen $X \to S$ mit $S \in \underline{A}$ (bzw. $S \in \underline{G}$) sind, so daß X S-anaplatt ist. Die Objekte in $\underline{P}'$ seien zusätzlich eigentliche Abbildungen. Morphismen in $\underline{P}$ (bzw. $\underline{P}'$) seien Paare $\bar{f} = (\tilde{f},f)$, so daß

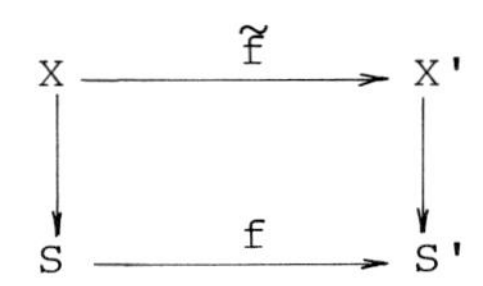

kartesisch ist.

Man erhält jetzt Gruppoide $r: \underline{P} \to \underline{A}$ und $r': \underline{P}' \to \underline{G}$.

Definition. Eine Deformation von X_o ist ein Tripel (S,X,τ), wobei $X \to S$ ein Objekt aus $\underline{P}'$ und $\tau: X_o \to X(O)$ ein Isomorphismus ist. Ein Morphismus zwischen zwei Deformationen ist ein Morphismus $\bar{f} = (\tilde{f},f) \in \underline{P}'$, so daß $\tilde{f}$ mit den entsprechenden τ's kommutiert.

Man erhält ein Gruppoid $p: \underline{F} \to \underline{G}$.

(5.2). Sei (S,X,τ) eine Deformation von X_o. Eine Karte von $X \to S$ wird gegeben durch einen Unterraum $Z \subset U \times S$, wobei U eine offene Teilmenge eines $\mathbb{C}^n$ ist und eine offene Einbettung $f: Z \to X$ (über S). Oder allgemeiner: Eine "Karte" von

$X \to S$ ist ein Tripel (s,Z,f), wobei $s\colon T \to S$ ein verallgemeinerter Punkt, $Z \subset U \times T$ ein Unterraum und $f\colon Z \to X(s)$ eine offene Einbettung (über T) ist.

Sei $K \subset U$ ein Polyzylinder und $\Gamma \subset G(K) \times K$ der universelle Unterraum. Der Raum, dessen verallgemeinerte Punkte Tripel (s,Y,f) sind, wobei $s \in S$, $Y \in G(K)$ und $f\colon Y \to X(s)$ ein Morphismus ist, ist

$$\mathcal{Mor}_{S\times G(K)}(S \times \Gamma, G(K) \times X).$$

<u>Satz.</u> Seien $\pi\colon U \to S, V \to S$ S-anaplatte Räume und $f\colon U \to V$ ein S-Morphismus. Dann gilt:

i) Die Menge U' der Punkte $u \in U$, für die $f(s)\colon U(s) \to V(s)$ ein Isomorphismus nahe u ist $(s := \pi(u))$, ist offen in U und $f|U'$ ist ein lokaler Isomorphismus.

ii) Sei $M \subset U'$ eine Teilmenge, die eigentlich über S liegt. Dann ist die Menge aller $s \in S$, für die $f|M(s)$ injektiv ist, offen in S.

<u>Beweis.</u> Siehe [21], S. 586 Lemme.

<u>Satz.</u> Sei $\tilde{K} \subset \mathring{K}$ ein Polyzylinder, $\mathcal{M} := \mathcal{Mor}_{S\times G(K)}(S \times \Gamma, G(K) \times X)$ und $m\colon \Gamma_{\mathcal{M}} \to X_{\mathcal{M}}$ der universelle Morphismus. Sei (s,Y,f) ein Punkt aus $\mathcal{M}$, so daß f eine offene Einbettung einer Umgebung von $Y \cap \tilde{K}$ nach $X(s)$ induziert.

<u>Behauptung.</u> Es existiert eine offene Umgebung $\mathcal{M}' \subset \mathcal{M}$ von

(s,Y,f), so daß m eine offene Einbettung einer Umgebung von $\Gamma_{M'} \cap (M' \times \tilde{K})$ (in $\Gamma_{M'}$) nach $X_{M'}$ induziert.

Beweis. Sei $L \subset \mathring{K}$ ein Polyzylinder mit $\tilde{K} \subset \mathring{L}$, so daß f eine offene Einbettung einer Umgebung von $Y \cap L$ nach $X(s)$ induziert. Sei $U := \Gamma_M \cap (M \times \mathring{K})$, $M := \Gamma_M \cap (M \times L)$ und $U' \subset U$ wie im letzten Satz. Mit (7.14) folgt $M(z) \subset U'(z)$ für $z \in M$ nahe (s,Y,f) und damit mit obigem Satz die Behauptung.

Folgerung. Die Menge der Punkte $(s,Y,f) \in M$, für welche f eine offene Einbettung einer Umgebung von $Y \cap \tilde{K}$ nach $X(s)$ induziert, ist offen in M.

(5.3) Bemerkung. Mit Hilfe der relativen Version des impliziten Funktionentheorems (vgl. (7.11)) beweist man:

Seien S,U,F und H banachanalytische Raumkeime. Dabei seien U,F und H glatt. Sei $g: S \times U \to F$ ein Morphismus und $X = g^{-1}(0)$. Die Tangentialabbildung von $g|0 \times U$ im ausgezeichneten Punkt sei direkt. Sei $i: X(0) \hookrightarrow H$ eine Einbettung mit direkter Tangentialabbildung im ausgezeichneten Punkt. Dann existiert eine Einbettung $j: X \hookrightarrow S \times H$, so daß

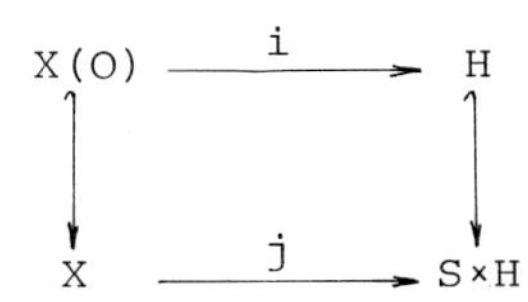

kommutiert.

(5.4). Im folgenden ((5.4) - (5.14)) sei $U \subset \mathbb{C}^n$ offen, $X \subset S \times U$ S-anaplatt, $K \subset U$ ein $\mathcal{O}_{X(0)}$-privilegierter Polyzylinder, $i: K \hookrightarrow U$ die Inklusion und

$$L.: 0 \to \ldots \to \mathcal{O}^r_{S\times U} \xrightarrow{q} \mathcal{O}_{S\times U} \to \mathcal{O}_X \to 0$$

eine endliche Auflösung von $\mathcal{O}_X$ durch freie $\mathcal{O}_{S\times U}$-Moduln, so daß $L.(s)$ exakt ist für alle $s \in S$.

(5.5) Satz. Es existiert eine offene Umgebung $N \subset \mathcal{M}or_S(S\times K, S\times U)$ von $(0,i)$, so daß durch

$$\phi(s,f) := (s, f^{-1}(X(s)), f \mid f^{-1}(X(s)))$$

ein Morphismus

$$N \to \mathcal{M}or_{S\times G(K)}(S \times \Gamma, G(K) \times X)$$

definiert wird. Dieser Morphismus ist glatt.

Beweis. 1) ϕ ist wohldefiniert. Sei (s,f) ein verallgemeinerter Punkt in $\mathcal{M}or_S(S \times K, S \times U)$, nahe $(0,i)$ (vgl. (0.10)). Man betrachte das Diagramm

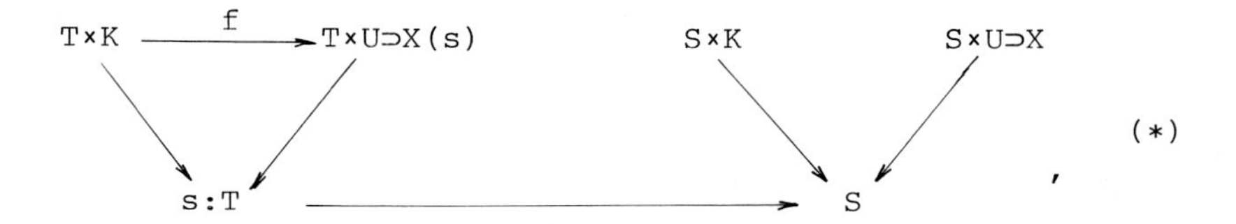

wobei s ein Morphismus von Raumkeimen ist. Da der mit $s \times id_U$ zurückgezogene Komplex $L.(s)$ exakt ist, liefert $f^*L.(s)$ einen Komplex von Vektorraumbündeln, der in $0 \in T$ und damit in einer

Umgebung von $0 \in T$ direkt exakt ist. Somit ist $f^{-1}(X(s))$ anaplatt über T und damit ein verallgemeinerter Punkt $T \to G(K)$.

<u>2) ϕ ist glatt.</u> Man betrachte das Diagramm

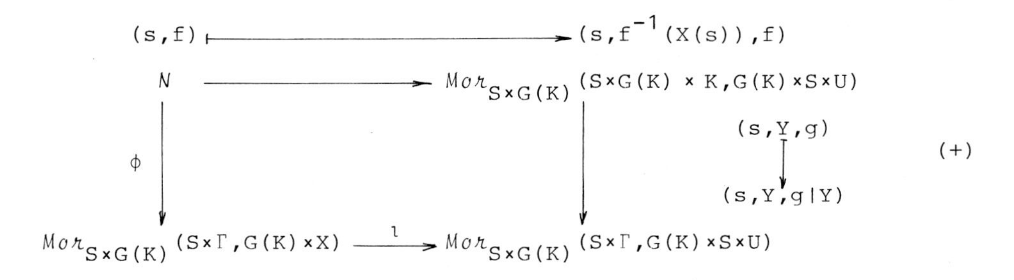

wobei ι den durch die Inklusion $X \hookrightarrow S \times U$ induzierten Morphismus bezeichne.

<u>Zwischenbehauptung.</u> Obiges Diagramm ist lokal kartesisch, das heißt es induziert eine offene Einbettung von N in das Faserprodukt.

<u>Beweis dazu.</u> Sei Z das Faserprodukt und

$$\Psi : N \longrightarrow Z$$
$$(s,f) \mapsto (s,f^{-1}(X(s)),f|f^{-1}(X(s)),f) .$$

Sei $(s_o,f_o) \in N$, $q_o := \Psi(s_o,f_o)$ und $q = (s,Y,g,f)$ ein verallgemeinerter Punkt aus Z in der Nähe von q_o. Dabei sei $s \in S, Y \in G(K), g \in Mor(Y,X(s))$ und $f \in Mor(K,U)$. Man vergleiche dazu (*). Es gilt $g = f|Y$ und damit

$$Y = g^{-1}(X(s)) \subset f^{-1}(X(s)). \qquad (**)$$

Sei $B(K,\mathcal{B}_Y) = B(K)_T/G$ und $B(K,\mathcal{B}_{f^{-1}(X(s))}) = B(K)_T/G_s$ ($s: T \to S$). Da im Punkte q_o in (**) die Gleichheit gilt, erhält man

$$B(K)_T = G \oplus F_T = G_s \oplus F_T$$

und mit (**) folgt

$$Y = f^{-1}(X(s))$$

und damit die Zwischenbehauptung.

Da in (+) der rechte senkrechte Pfeil glatt ist, folgt die Behauptung.

<u>(5.6) Bezeichnung.</u> Es wird gesetzt

$$\mathcal{M} := \Phi(\mathcal{N}) \ .$$

Dies ist eine offene Teilmenge von $\mathcal{M}or_{S\times G(K)}(S\times\Gamma, G(K)\times X)$.

<u>(5.7) Hilfssatz.</u> Seien X_1, X_2, X_3 banachanalytische Räume und

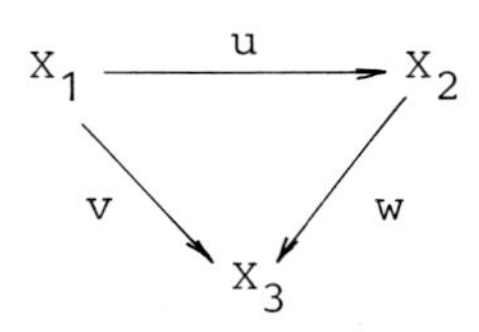

ein kommutatives Diagramm.

<u>Behauptung.</u> Ist u glatt und surjektiv und v glatt, so ist w glatt.

Beweis. Sei $x_2 \in X_2$. Da u surjektiv ist, existiert ein $x_1 \in X_1$ mit $u(x_1) = x_2$. Sei $x_3 := v(x_1)$. Die X_i werden jetzt als Keime in x_i aufgefaßt. Da u glatt ist, ist $U := u^{-1}(x_2)$ glatt und es existiert eine Retraktion $\pi: X_1 \to U$ und ein Schnitt $\sigma: X_2 \to X_1$ mit $\sigma(X_2) = \pi^{-1}(x_1)$. Sei $\mu: X_3 \to X_1$ ein Schnitt gegen v. Man betrachte jetzt das Diagramm

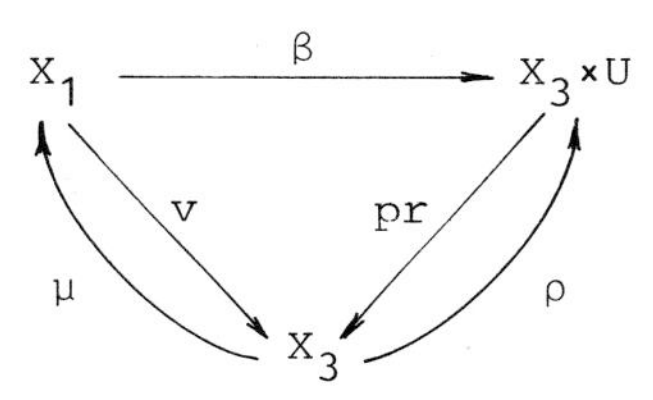

,

wobei $\beta := (v, \pi)$ und $\rho := (id, x_1)$ ist.

Zwischenbehauptung. Die relative Tangentialabbildung von β ist ein direkter Epimorphismus.

Beweis dazu. Sei $i: TU \to TX_1$ die Inklusion (mit T wird der Tangentialraum bzw. die Tangentialabbildung im ausgezeichneten Punkt bezeichnet). Dann ist $T(v \circ i)(y) = Tw \circ Tu(y) = 0$, d.h. $i(y) \in T_{X_3}X_1$. Wegen

$$T\beta \circ i(y) = (Tv(y), T\pi(y)) = (0, y)$$

ist i ein Schnitt gegen $T_{X_3}\beta$. Damit folgt die Zwischenbehauptung.

Da $\mathrm{Ker}(\beta, \rho \circ v) = \mathrm{Ker}((v,\pi),(v,x_1)) = \mathrm{Ker}(\pi, x_1) = \pi^{-1}(x_1) =$ $= \sigma(X_2) \simeq X_2$ ist, folgt die Behauptung mit der relativen Version des impliziten Funktionentheorems (vgl. (7.11)).

(5.8) Satz. $\mathcal{M} \to S$ ist glatt.

Beweis. Dies folgt unmittelbar aus (5.5) und (5.7).

(5.9) Definition einer $B(K)$-Modulstruktur auf $T_S Mor_{S\times G(K)}(S\times\Gamma, G(K)\times X)$ und $Mor_S(S\times K, S\times U)$.

Sei A der Doppelpunkt. S-Morphismen $T \to T_S Mor_{S\times G(K)}(S\times\Gamma, G(K)\times X)$ bzw. $T \to T_S Mor_S(S\times K, S\times U)$ (d.h. verallgemeinerte Punkte) werden gegeben durch S-Morphismen $A \times T \to Mor_{S\times G(K)}(S\times\Gamma, G(K)\times X)$ bzw. $A \times T \to Mor_S(S\times K, S\times U)$ und damit durch Paare (Y,f), wobei $Y \subset A \times T \times K$ ein $A\times T$-anaplatter Unterraum und $f\colon Y \to X_{A\times T}$ ein Morphismus ist bzw. durch $g\colon A\times T\times K \to A \times T \times U$.

Ist $h\colon T \to B(K)$ ein Morphismus, so sei $h_*\colon A \times T \times K \to A \times T \times K$ der von $(z,t,x) \mapsto (h(t,x)\cdot z,t,x), z \in \mathbb{C}$ induzierte Morphismus. Wie in (5.5) sieht man, daß $h_*^{-1}(Y) \subset A \times T \times K$ $A\times T$-anaplatt ist.

Durch die Definition

$$h \cdot (Y,f) := (h_*^{-1}(Y), f \circ h_*)$$

bzw.

$$h \cdot g := g \circ h_*$$

wird jetzt $T_S Mor_{S\times G(K)}(S\times\Gamma, G(K)\times X)$ bzw. $T_S Mor_S(S\times K, S\times U)$ zu einem $B(K)$-Modul.

Bemerkung. Es gilt

$$T_S Mor_S(S\times K, S\times U) = S \times Mor(K,U) \times B(K)^n$$

und mit dieser Identifizierung $h \cdot (s,f,t) = (s,f,h\cdot t)$.

Unmittelbar aus den Definitionen erhält man

<u>(5.10) Satz.</u> 1) $T_S\phi$ ist B(K)-linear.

2) Ist $K' \subset \mathring{K}$ ein $\mathcal{O}_{X(0)}$-privilegierter Polyzylinder, M' analog zu M definiert und $\rho\colon M \to M'$ die Beschränkung, so ist $T_S\rho$ B(K)-linear.

<u>(5.11).</u> Sei $J_N \subset N \times B(K)$ das Ideal von Γ_N, das heißt das Bild des durch $(s,f) \mapsto q(s) \circ f$ gegebenen Bündelhomomorphismus $N \times B(K)^r \to N \times B(K)$ (vgl. (5.4)). Dabei ist q aufzufassen als Morphismus $q\colon S \times U \to \mathbb{C}^r$ und $q(s) := q \circ (s \times id_U)$ die "Faser von q in s".

<u>Satz.</u> Die Sequenz von Bündeln

$$0 \to J_N^n \to T_S N \xrightarrow{T_S\phi} \phi^* T_S M \to 0$$

über N ist exakt.

<u>Beweis.</u> Sei (s,f,g) ein T-Punkt aus $T_S N$, d.h. es ist $s\colon T \to S, f = (f_1,f_2)\colon T \times K \to T \times U$ ein T-Morphismus und $g\colon T \to B(K)^n$. Diesem Punkt entspricht der durch

$$(*) \qquad \begin{aligned} h\colon A \times T \times K &\longrightarrow A \times T \times U \\ (z,t,x) &\longmapsto (z,t,f_2(t,x) + z\cdot g(t,x)), \qquad (z \in \mathbb{C}) \end{aligned}$$

gegebene $A\times T$-Punkt aus N. Sei $s' := s \circ pr_2\colon A \times T \to S$. Damit ist $(s,f,g) = (s',h)$. Es gilt

$$T_S\phi(s,f,g) = T_S\phi(s'h) = (s',h^{-1}(X(s')),h|h^{-1}(X(s'))).$$

Auf $A \times T \times K$ gilt

$$(**) \qquad q(s') \circ h(z,t,x) = q(s(t), f_2(t,x) + z \cdot g(t,x)) =$$
$$= q(s) \circ f(t,x) + D_2 q(s(t), f_2(t,x)) \cdot (z \cdot g(t,x))$$

Um den Satz zu beweisen, genügt es $J_N^n = \mathrm{Ker} T_S \phi$ zu zeigen.

1) $J_N^n \subset \mathrm{Ker} T_S \phi$. Ist $(s,f,g) \in J_N^n$, so ist jede Komponente von g aus dem Ideal von $f^{-1}(X(s))$. Aus (**) folgt, daß das Ideal von $A \times f^{-1}(X(s))$ (welches durch $(z,t,x) \mapsto q(s) \circ f(t,x)$ gegeben wird) das Ideal von $h^{-1}(X(s'))$ umfaßt.
Da über $z = 0$ die Gleichheit gilt, sind die beiden Ideale sogar gleich. Also ist $A \times f^{-1}(X(s)) = h^{-1}(X(s'))$. Aus (*) folgt damit $h|h^{-1}(X(s')) = h|A \times f^{-1}(X(s)) = id_A \times f|A \times f^{-1}(X(s))$. Der durch (s,f,g) gegebene S-Morphismus $A \times T \to M$ faktorisiert also über T. Daraus folgt 1).

2) $J_N^n \supset \mathrm{Ker} T_S \phi$. Ist $(s,f,g) \in \mathrm{Ker} T_S \phi$, so faktorisiert der durch h gegebene S-Morphismus $A \times T \to M$ über T und somit ist $h^{-1}(X(s')) = A \times f^{-1}(X(s))$ und $h|A \times f^{-1}(X(s)) =$
$= id_A \times f|A \times f^{-1}(X(s))$. Mit (*) folgt daraus, daß jede Komponente von g aus dem Ideal von $f^{-1}(X(s))$ ist und damit $(s,f,g) \in J_N^n$.

(5.12). Definition einer $B(\Gamma_M)$-Modulstruktur auf $T_S M$.

Man betrachte die exakte Bündelsequenz

$$0 \to J_M \to M \times B(K) \to B(\Gamma_M) \to 0$$

über M. Dabei sei J_M das Ideal von Γ_M. Da $T_S M$ eine $M \times B(K)$-Modulstruktur trägt (vgl. (5.9)) genügt es zu zeigen, daß

$J_M \cdot T_S M = 0$ ist. Dies zeigt man wie in (5.11).

(5.13) Satz. Lokal (in M) existiert ein $B(\Gamma_M)$-Isomorphismus

$$B(\Gamma_M) \simeq T_S M.$$

Beweis. Nach (5.11) existiert ein $B(K)$-Isomorphismus $B(\Gamma_N)^n \simeq \phi^* T_S M$. Da $\phi^* T_S M$ ein $B(\Gamma_N)$-Modul ist und $N \times B(K) \to B(\Gamma_N)$ einen Schnitt besitzt, ist dieser Morphismus $B(\Gamma_N)$-linear. Da $\phi: N \to M$ glatt ist, existiert (lokal in M) ein Schnitt $\sigma: M \to N$ gegen ϕ und es gilt

$$T_S M = \sigma^*\phi^* T_S M \simeq \sigma^* B(\Gamma_N) = B(\sigma^*\Gamma_N)^n = B(\Gamma_M)^n$$

als $B(\Gamma_M)$-Moduln.

(5.14) Bemerkung. Obiger Isomorphismus hängt von der Wahl eines Schnittes gegen $\phi: N \to M$ ab.

(5.15). Sei $U \subset C^n$ offen, $\hat{Y}_o \subset U$ ein Unterraum, $\hat{f}_o: \hat{Y}_o \to X_o$ eine offene Einbettung, $K \subset U$ ein für die Strukturgarbe von $\hat{Y}_o$ privilegierter Polyzylinder und $Y_o := K \cap \hat{Y}_o$, $f_o := \hat{f}_o | Y_o$.

(5.16) Satz. Sei (S,X,τ) eine Deformation von X_o.

Behauptung. $\mathcal{Mor}_{S\times G(K)}(S \times \Gamma, G(K) \times X) \to S$ ist subimmersiv in $(0, Y_o, \tau \circ f_o)$.

Beweis. Sei M der Keim von $\mathcal{Mor}_{S\times G(K)}(S \times \Gamma, G(K) \times X)$ in

$(0,Y_o,\tau\circ f_o)$ und $\varphi\colon T \to M$ ein Morphismus von Raumkeimen, gegeben durch einen T-anaplatten Unterraum $Y \subset T \times K$ und einen Morphismus $f\colon Y \to X_T$. Sei $(I.,(K_i),(K_i'))$ eine Y_o-privilegierte 2-Panzerung auf K (vgl. (0.23)). Für $t \in T$ nahe 0 ist diese dann auch $Y(t)$-privilegiert. Für alle $i \in I$ sei $Y_i := Y \cap (T \times K_i)$. Die K_i seien außerdem so klein gewählt, daß für jedes $i \in I$ eine offene Umgebung $\tilde{X}_i \subset X_T$ von $f(Y_i)$ und eine Einbettung $\tilde{X}_i \to T \times V \subset T \times U$ existiert, die $(\tau_T \circ \hat{f}_o)^{-1} \mid (V \cap \hat{Y}_o)$ fortsetzt (vgl. (5.3)). Für alle $i \in I$ sei $\Gamma_i \subset G(K_i) \times K_i$ der universelle Unterraum, M_i der Keim von $\mathcal{M}or_{S\times G(K_i)}(S \times \Gamma_i, G(K_i) \times X)$ in $(0,Y_o \cap K_i,\tau\circ f_o \mid Y_o \cap K_i)$ und $\rho_i\colon M \to M_i$ bzw. $\rho_{ij}\colon M_i \to M_j$ $(i \in \partial j)$ der Beschränkungsmorphismus. Außerdem sei $\varphi_i := \rho_i \circ \varphi$ und $\Theta_i := Y_i \times \mathbb{C}^n$. Aufgrund der oben gemachten Voraussetzungen erhält man mit (5.13) einen $B(\Gamma_{i,M_i})$-Isomorphismus $B(\Gamma_{i,M_i}) \simeq T_S M_i$. Wegen $\varphi_i^*\Gamma_{i,M_i} = Y_i$ erhält man mit (5.10) durch das Diagramm

$$(*)\qquad \begin{array}{ccc} B(Y_i)^n & \overset{a_{ij}}{\dashrightarrow} & B(Y_j)^n \\ \wr\! \| & & \wr\! \| \\ \varphi_i^* T_S M_i & \xrightarrow[\varphi_i^* T_S \rho_{ij}]{} & \varphi_j^* T_S M_j \end{array} ,$$

für alle $i,j \in I$ mit $i \in \partial j$, einen $B(Y_i)$-Morphismus a_{ij}. Es ist also $a_{ij} \in M(n \times n, B(Y_j))$. Daraus erhält man einen Morphismus

$$b_{ji}\colon \Theta_j \to \Theta_i$$

zwischen Vektorraumbünden über der Inklusion $Y_j \hookrightarrow Y_i$.

Sei $\mathring{Y}_i' := Y_i \cap (T \times \mathring{K}_i')$. Mit (0.23) erhält man genau wie in (2.8) aus $((\mathring{Y}_i), (\mathring{Y}_i'), (b_{ji} | \mathring{Y}_j))$ durch Verkleben ein Vektorraumbündel

$$\Theta \to Y$$

(° bedeutet hier: offen in K).

Sei $\mathcal{F}$ die Garbe der Schnitte von Θ und $\mathcal{G}$ die Garbe auf Y, die durch

$$\begin{aligned} U \mapsto \mathcal{G}(U) := \{(\tilde{Y}, \tilde{f}) \mid \tilde{Y} \subset U \times A \quad & T \times A\text{-anaplatt}, \\ \tilde{Y} | T = Y \cap U; \ \tilde{f}: \tilde{Y} \to X_{T \times A} \quad & \text{mit} \\ \tilde{f} | U \cap Y = f | U \cap Y\} & \end{aligned}$$

gegeben wird. Dabei bezeichne A den Doppelpunkt und U durchlaufe die offenen Teilmengen von $T \times K$. Die globalen Schnitte von $\mathcal{G}$ sind dann gerade die S-Morphismen $\tilde{\varphi}: T \times A \to M$ mit $\tilde{\varphi} | T = \varphi$.

<u>Zwischenbehauptung.</u> Es gilt

$$\mathcal{F} \simeq \mathcal{G}.$$

<u>Beweis dazu.</u> Sei $\mathcal{G}_i := \mathcal{G} | Y_i$. Dann gilt $\Gamma(\mathcal{G}_i, Y_i) = \varphi_i^* T_S M_i$ und $\varphi_i^* T_S \rho_{ij}$ ist die Beschränkung. Die Garben sind also über den $\mathring{Y}_i$ isomorph. Wegen (*) verkleben sich diese Isomorphismen genau wie in (2.8) zu einem Isomorphismus $\mathcal{F} \simeq \mathcal{G}$.

Man erhält jetzt, indem man $T = M$ und $\varphi = id_M$ setzt, ein Vektorraumbündel $\Theta_M \to \Gamma_M$ und einen Isomorphismus zwischen $T_S M$ und den globalen Schnitten von $\Theta_M \to \Gamma_M$. Insbesondere ist $T_S M$ glatt über M. Damit folgt die Behauptung aus dem folgenden

<u>Satz.</u> Sei $X \to S$ ein Morphismus zwischen banachanalytischen Räumen. Dann gilt:

$X \to S$ ist genau dann subimmersiv, wenn $T_S X$ glatt über X ist (vgl. (7.10)).

<u>Beweis.</u> Siehe [21], S. 576 Théorème 1.

<u>(5.17) Definition.</u> 1) Eine Dreiecksmenge in $\mathbb{R}_{++}$ ist ein Intervall $]0,a[$. Eine Dreiecksmenge in $\mathbb{R}^n_{++}$ ist eine Menge der Form

$$\Delta = \{(x',x_n) \mid x' \in \Delta', 0 < x_n < h(x')\},$$

wobei Δ' eine Dreiecksmenge in $\mathbb{R}^{n-1}_{++}$ und $h\colon \Delta' \to \mathbb{R}^n_{++}$ halbstetig von unten ist.

2) Sei $K \subset \mathbb{C}^n$ ein Polyzylinder und $Y \subset K$ ein privilegierter Unterraum. Der Raum Y heißt dreiecksprivilegiert, falls es einen Punkt $c \in Y \cap \mathring{K}$ und eine Dreiecksmenge $\Delta \subset \mathbb{R}^n_{++}$ mit $(1,\dots,1) \in \Delta$ gibt, so daß für alle $t \in \Delta \cap]0,1]^n$ der Polyzylinder

$$K_t := (1-t) \cdot c + t \cdot K$$

(komponentenweise Addition und Multiplikation) privilegiert für Y ist.

<u>(5.18) Bemerkung.</u> 1) Dreiecksmengen sind zusammenhängend und ihr Abschluß enthält $0 \in \mathbb{R}^n$.

2) Sei $U \subset \mathbb{C}^n$ und $Z \subset U$ ein komplexer Unterraum. Dann existiert zu jedem Punkt $z \in Z$ ein Polyzylinder K mit $z \in \mathring{K}$,

der dreiecksprivilegiert für Z ist, das heißt, so daß $Y \cap K$ dreiecksprivilegiert ist (vgl. (7.1)).

(5.19) Satz. Ist Y_o dreiecksprivilegiert, so ist für jede Deformation (S,X,τ) von X_o $\mathcal{M}or_{S\times G(K)}(S \times \Gamma, G(K) \times X) \to S$ glatt in $(0,Y_o,\tau \circ f_o)$.

Beweis. Sei (S,X,τ) eine Deformation von X_o und M der Keim von $\mathcal{M}or_{S\times G(K)}(S \times \Gamma, G(K) \times X)$ in $(0,Y_o,\tau\circ f_o)$. Sei $S \subset M$ die Menge der Punkte, wo $M \to S$ subimmersiv ist und $G \subset M$ die Menge der Punkte, wo $M \to S$ glatt ist. Seien Δ, c wie in der Definition von dreiecksprivilegiert und für $t \in \Delta$ sei $h_t\colon K \to \mathbb{C}^n$ die Abbildung $z \mapsto (1-t) \cdot c + t \cdot z$.

1. Zwischenbehauptung. Durch $t \mapsto (0,h_t^{-1}(Y_o),\tau\circ f_o \circ h_t)$ wird eine stetige Abbildung $\chi\colon \Delta \cap]0,1]^n \to S(0)$ definiert.

Beweis davon. Da für alle $t \in \Delta \cap]0,1]^n$ der Polyzylinder $h_t(K)$ privilegiert für Y ist, ist K für $h_t^{-1}(Y)$ privilegiert. Wendet man (5.16) auf $K, h_t^{-1}(Y), f_o \circ h_t$ an, so sieht man, daß χ eine Abbildung nach $S(0)$ ist. Sei $M_o := \mathcal{M}or_{G(K)}(\Gamma, G(K) \times \hat{Y}_o)$, aufgefaßt als Keim in $(Y_o, \text{incl.})$. Dann gilt $M(0) = \mathcal{M}or_{G(K)}(\Gamma, G(K) \times X(0)) \simeq M_o \subset B(\Gamma)^n$, wobei der Isomorphismus durch $(Y,f) \mapsto (Y,(\tau \circ \hat{f}_o)^{-1} \circ f)$ gegeben sei (vgl. (6.15)). $M(0)$ wird jetzt als Teilmenge von $B(\Gamma)^n$ aufgefaßt. Ist

$$B(K)^r \xrightarrow{q} B(K)^s \xrightarrow{q'} B(K) \to B(Y_o) \to 0$$

eine direkt exakte Auflösung von $B(Y_o)$, so hängen in der direkt exakten Sequenz

$$B(K)^r \xrightarrow{h_t^*q} B(K)^s \xrightarrow{h_t^*q'} B(K) \to B(h_t^{-1}(Y_o)) \to 0$$

die Koeffizienten von h_t^*q und h_t^*q' stetig von t ab. Deshalb ist $t \mapsto h_t^{-1}(Y_o)$ eine stetige Abbildung von $\Delta \cap]0,1]^n$ nach $G(K)$. Man hat einen direkten Epimorphismus

$$\alpha: G(K) \times B(K)^n \twoheadrightarrow B(\Gamma)^n$$

(vgl. (7.6)) von Bündeln über $G(K)$. Für die Abbildung $\bar{\chi}: \Delta \cap]0,1]^n \to G(K) \times B(K)^n$, $t \mapsto (h_t^{-1}(Y_o), id_K \circ h_t)$ gilt $\alpha \circ \bar{\chi} = \chi$. Mit obigen Betrachtungen folgt, daß $\bar{\chi}$ und damit χ stetig ist.

<u>2. Zwischenbehauptung.</u> Die Faser $\mathcal{G}(0)$ ist offen und abgeschlossen in $\mathcal{S}(0)$.

<u>Beweis dazu.</u> Die Offenheit ist klar. Sei $(Y,f) \in \mathcal{S}(0) \setminus \mathcal{G}(0)$. Also existiert ein Raumkeim $S' \subset S, S' \neq S$ und ein glatter banachanalytischer Raum U, so daß nahe $(0,Y,f)$ gilt

$$\mathcal{M} \simeq S' \times U.$$

Für $(Y',f') \in \mathcal{M}(0)$ nahe bei (Y,f) ist dann $(Y',f') \notin \mathcal{G}(0)$. Damit folgt die zweite Zwischenbehauptung.

<u>3. Zwischenbehauptung.</u> Für $t \in \Delta \cap]0,1]^n$ nahe 0 ist $(0,h_t^{-1}(Y_o), \tau \circ f_o \circ h_t) \in \mathcal{G}(0)$.

<u>Beweis dazu.</u> Nahe $\tau \circ f_o(c) \in X$ existiert eine Einbettung von X in $S \times U$, die $(\tau \circ \hat{f}_o)^{-1}$ fortsetzt (vgl. (5.3)). Wählt man jetzt $t \in \Delta \cap]0,1]^n$ so nahe bei 0, daß $\tau \circ f_o(Y_o \cap h_t(K))$

in dieser Kartenumgebung um $\tau \circ f_o(c)$ liegt, so folgt die Zwischenbehauptung mit (5.8).

Da $\Delta \cap]0,1]^n$ zusammenhängend ist, trifft also die Zusammenhangskomponente von $(0, Y_o, \tau \circ f_o)$ in $S(0)$ die Menge $G(0)$. Mit der zweiten Zwischenbehauptung folgt dann $(0, Y_o, f_o) \in G(0)$ und damit die Behauptung.

<u>(5.20).</u> Sei $J_e = (I., (K_i), (\tilde{K}_i), (K_i'))$ Typ einer erweiterten 2-Panzerung und $(J_e, (Y_{o,i}), (f_{o,i}))$ eine erweiterte 2-Panzerung von (X_o, X_o) (vgl. (0.21) und (0.22)). Die $Y_{o,i}$ seien dabei dreiecksprivilegiert.

<u>Definition des Funktors $\tilde{Q}$.</u> Sei $a = (S, X, \tau)$ eine Deformation von X_o. Die $Y_{o,i}$ und $f_{o,i}$ liefern ein Element

$$(\ldots, Y_{o,i}, f_{o,i}, \ldots) \in \prod_{i \in I} Mor_{G(K_i)}(\Gamma_i, G(K_i) \times X_o),$$

wobei $\Gamma_i \subset G(K_i) \times K_i$ den universellen Unterraum bezeichne. Sei $Q(a)$ der Keim von $\prod_{i \in I} {}_S Mor_{S \times G(K_i)}(S \times \Gamma_i, G(K_i) \times X)$ in $(0, \ldots, Y_{o,i}, \tau \circ f_{o,i}, \ldots)$. Aus (5.19) folgt, daß $Q(a) \to S$ glatt ist. Für jeden Morphismus $\bar{g} = (\tilde{g}, g): a \to a'$ in $\underline{F}$ sei

$$Q(\bar{f}): Q(a) \to Q(b)$$

definiert durch

$$(s, \ldots, Y_i, \tilde{f}_i, \ldots) \mapsto (s, \ldots, Y_i, \tilde{g}(s) \circ \tilde{f}_i, \ldots).$$

Man erhält einen kovarianten Funktor

$$\tilde{Q}: \underline{F} \to \underline{L}$$

(vgl. (1.2)).

(5.21) Satz. Sei $a \in \underline{F}$ und $(s,\ldots,Y_i,f_i,\ldots) \in Q(a)$ ein T-Punkt.

Behauptung. Die Y_i, f_i erfüllen die relativen Versionen $(P_e0)_T - (P_e3)_T$ der Bedingungen $(P_e0) - (P_e3)$ aus (0.21) (Die relativen Versionen lauten formal genau wie die absoluten, wenn man $\tilde{K}_i$ jeweils durch $T \times \tilde{K}_i$ und in (P_e1) X' durch $X(s)$ ersetzt.).

Beweis. Zu $(P_e0)_T$. Dies folgt aus (5.2).

Zu $(P_e2)_T$. Mit den Bezeichnungen aus (0.21) gilt:
$\tilde{X}_{i_o} \cap \tilde{X}_{i_1} \subset X(s)$ liegt eigentlich über T und $\bigcup_{dj=(i_o,i_1)} \mathring{X}'_j \subset X(s)$ ist offen. Ebenso liegt $\bigcup_{dj=(i_o,i_1)} X_j \subset X(s)$ eigentlich über T und $\mathring{\tilde{X}}_{i_o} \cap \mathring{\tilde{X}}_{i_1} \subset X(s)$ ist offen. Mit (7.14) folgt jetzt $(P_e2)_T$.

Ebenso zeigt man $(P_e1)_T$ und $(P_e3)_T$.

(5.22) Bezeichnung. Für $i,j \in I$ mit $i \in \partial j$ oder $i \in \partial\partial j$ wird der Keim von $\mathcal{Mor}_{G(K_i)\times G(K_j)}(G(K_i) \times \Gamma_j, G(K_j) \times (\Gamma_i \cap (G(K_i) \times \mathring{K}_i))$ im Punkte $(Y_{o,i}, Y_{o,j}, f_{o,i}^{-1} f_{o,j})$ mit M_{ji} bezeichnet (Man beachte, daß $f_{o,j}(Y_{o,j}) \subset f_{o,i}(\mathring{\tilde{Y}}_{o,i})$ und $f_{o,i}|\mathring{\tilde{Y}}_i$ ein Isomorphismus ist.).

(5.23) Definition des Raumkeimes $\mathfrak{Z}$. Seien $i,j,k \in I$ mit $i \in \partial j$ und $j \in \partial k$. Man erhält dann einen Morphismus (die Komposition)

$$\chi_{k,j,i}: M_{kj} \times_{G(K_j)} M_{ji} \to M_{ki}$$

$$(Y_j, Y_k, h_j^k; Y_i, Y_j, h_i^j) \mapsto (Y_i, Y_k, h_i^j \circ h_j^k).$$

Für $(\alpha,\beta) = (0,1)$ oder $(1,2)$, $i \in I_\alpha$, $j \in I_\beta$ mit $i \in \partial j$ sei $p_{ji}: \prod_{\mu\in I_\alpha} G(K_\mu) \times \prod_{\nu\in I_\beta} G(K_\nu) \to G(K_i) \times G(K_j)$ die Projektion.
Für $i,k \in I$ mit $i \in \partial\partial k$ sei
$I_{ki} := \{(j,j') \in I_1^2 \mid j \in \partial k,\ j' \in \partial k,\ i \in \partial j \cap \partial j'\}$. Man erhält jetzt wie folgt zwei Morphismen

$$\prod{}^* p_{kj}^* M_{kj} \times {}_{\prod G(K_j)} \prod{}^* p_{ji}^* M_{ji} \rightrightarrows \prod (M_{ki} \times I_{ki}) ,$$

wobei $\prod^*$ das Faserprodukt über $\prod_{\mu\in I_1} G(K_\mu) \times \prod_{\nu \in I_2} G(K_\nu)$ bzw. $\prod_{\mu\in I_0} G(K_\mu) \times \prod_{\nu\in I_1} G(K_\nu)$ bedeutet und (k,j) alle Paare aus $I_2 \times I_1$ mit $j \in \partial k$, j alle Elemente aus I_1, (j,i) alle Paare aus $I_1 \times I_0$ mit $i \in \partial j$ und (k,i) alle Paare aus $I_2 \times I_0$ mit $i \in \partial\partial k$ durchläuft.
Um die Komponente nach $M_{ki} \times \{(j,j')\}$ zu erhalten, projiziere man auf die zu (k,j) und (j,i) bzw. (k,j') und (j',i) gehörigen Faktoren und komponiere mit $\chi_{k,j,i}$ bzw. $\chi_{k,j',i}$.

Sei $\mathfrak{Z}$ der Kern dieses Doppelpfeiles.

(5.24) Satz. Sei $z: T \to \mathfrak{Z}$ ein Morphismus von Raumkeimen, gegeben durch T-anaplatte Unterräume $Y_i \subset T \times K_i$ und T-Morphismen $g_i^j: Y_j \to \mathring{Y}_i$, so daß $g_i^j \circ g_j^k = g_i^{j'} \circ g_{j'}^k$ ist für alle $i,j,j' \in I$ mit $i \in \partial j \cap \partial j'$ und $\{j,j'\} \subset \partial k$. Dann gelten die folgenden Aussagen:

i) Für alle $i,j \in I$ mit $i \in \partial j$ induziert g_i^j eine offene Einbettung von einer Umgebung von $\tilde{Y}_j$ nach $\mathring{\tilde{Y}}_i$.

ii) Seien $j,j' \in I_1$ und $i \in I_0$, so daß $i = d_0 j = d_0 j'$ (bzw. $i = d_1 j = d_0 j'$, bzw. $i = d_1 j = d_1 j'$) ist. Sei $i' := d_1 j$ (bzw. $i' := d_0 j$, bzw. $i' := d_0 j$), $i'' := d_1 j'$ (bzw. $i'' := d_1 j'$, bzw. $i'' := d_0 j'$). Außerdem seien $y \in Y_j^!$ und $y' \in Y_{j'}^!$, mit

$$g_i^j(y) = g_i^{j'}(y'),\ g_{i'}^j(y) \in Y'_{i'} \quad \text{und} \quad g_{i''}^{j'}(y') \in Y'_{i''}.$$

Dann existiert ein $k \in I_2$ mit $d_o k = j$, $d_1 k = j'$ (bzw. $d_o k = j$, $d_2 k = j'$, bzw. $d_1 k = j$, $d_2 k = j'$) und ein $z \in \mathring{\tilde{Y}}_k$, so daß $g_j^k(z) = y$ und $g_{j'}^k(z) = y'$ ist.

iii) Für alle $i \in I_o$ und $x \in Y'_i$ existiert ein $i' \in I_o$ und ein $x' \in \mathring{Y}'_i$ sowie ein $j \in I_1$ mit $dj = (i,i')$ und ein $y \in \mathring{Y}'_j$, so daß gilt

$$g_i^j(y) = x \quad \text{und} \quad g_{i'}^j(y) = x'.$$

iv) Für $j \in I_1$, $(i,i') := dj$ und $y \in Y_j$, so daß $g_i^j(y) =: x \in Y'_i$ und $g_{i'}^j(y) =: x' \in Y'_{i'}$ ist, existiert ein $j' \in I_1$ und ein $y' \in \mathring{Y}'_{j'}$, so daß $dj' = (i,i')$ und

$$g_i^{j'}(y') = x \quad \text{und} \quad g_{i'}^{j'}(y') = x'$$

ist.

<u>Beweis.</u> <u>Zu i).</u> Für $O \in T$ ergibt sich dies aus der Definition des ausgezeichneten Punktes, (P_e0) und den zweiten Teilen der Bedingungen (P_e2) und (P_e3) (vgl. (0.15)). Wie in (5.2) folgt jetzt i).

<u>Zu ii).</u> Zunächst wird die Bedingung in $O \in T$ nachgewiesen. Es ist $Y_j(O) = Y_{o,j}$ und $g_i^j(O) = f_{o,i}^{-1} \circ f_{o,j}$. Seien j,j',i,y und y' wie in ii) vorausgesetzt. Es ist dann $x := f_{o,j}(y) = f_{o,j'}(y') \in f_{o,i'}(Y'_{o,i'}) \cap f_{o,i''}(Y'_{o,i''})$. Nach (P_e2) existiert folglich ein $j'' \in I_1$ mit $dj'' = (i',i'')$ derart, daß $x \in f_{o,j''}(\mathring{Y}'_{o,j''})$ ist. Nach (P_e3) existiert dann ein $k \in I_2$ mit $x \in f_{o,k}(\mathring{\tilde{Y}}_{o,k})$. Mit $z := f_{o,k}^{-1}(x)$ erhält man ii) im ausgezeichneten Punkt. Sei

$A := \{y \in Y'_j \mid g^j_{i'}(y) \in Y'_{i'}$ und es existiert ein $y' \in Y'_{j'}$ mit

$$g^j_i(y) = g^{j'}_i(y') \text{ und } g^{j'}_{i''}(y') \in Y'_{i''}\} =$$

$$= Y'_j \cap (g^j_{i'})^{-1}(Y'_{i'}) \cap ((g^j_i)^{-1} \circ g^{j'}_i \circ (g^{j'}_{i''})^{-1}(Y'_{i''})).$$

Da $g^{j'}_i | \mathring{\tilde{Y}}_{j'}$ ein Isomorphismus ist, ist diese Menge in Y'_j abgeschlossen. Da $Y'_j \to T$ eigentlich ist, folgt daraus, daß auch $A \to T$ eigentlich ist.

Sei $B := \bigcup g^k_j(\mathring{\tilde{Y}}_k)$, wobei die Vereinigung über alle $k \in I_2$ wie in ii) zu nehmen ist. B ist offen in $\mathring{Y}_j$. Wegen $A(O) \subset B(O)$ folgt mit (6.14) die Aussage ii). Teil iii) folgt im ausgezeichneten Punkt aus (P_e1) und (P_e2). Teil iv) folgt im ausgezeichneten Punkt aus (P_e2). Mit (7.14) folgt dann wie oben Teil iii) bzw. iv).

<u>(5.25) Konstruktion von $\mathfrak{X} \to \mathfrak{Z}$.</u> Sei $\mathfrak{z}: T \to \mathfrak{Z}$ ein verallgemeinerter Punkt, gegeben durch Y_i, g^j_i wie in (5.24). Das Gruppoid $id: \underline{A}_T \to \underline{A}_T$ erfüllt die Verklebebedingungen (V1) und (V2) aus (2.1). Sei $z := ((\mathring{\tilde{Y}}_i), (\mathring{Y}'_i), (g^j_i | \mathring{\tilde{Y}}_j))$. Aus (5.24) und der Definition von $\mathfrak{Z}$ folgt, daß dies ein I.-Puzzle in $id: \underline{A}_T \to \underline{A}_T$ ist.

Sei jetzt

$$\mathfrak{X}(\mathfrak{z}) := \Psi(z)$$

(vgl. (2.8)).

<u>Satz.</u> Mit obigen Bezeichnungen gilt:

1) $\mathfrak{X}(\mathfrak{z})$ ist T-anaplatt.

2) $\mathfrak{X}(\mathfrak{z})$ ist eigentlich über T.

Beweis. 1) ist klar, da die $\mathring{\hat{Y}}_i$ T-anaplatt sind. In der topologischen Summe der $Y_i^!$ über alle $i \in I_o$ wird wie folgt eine Äquivalenzrelation R definiert: Für $x \in Y_i^!$ und $x \in Y_{i'}^!$, sei $x \sim x'$ genau dann, wenn ein $j \in I_1$ mit $\partial j = \{i,i'\}$ und ein $y \in Y_j^!$ existiert mit $g_i^j(y) = x$ und $g_{i'}^j(y) = x'$. Um zu zeigen, daß "$\sim$" transitiv ist, benutze man die Aussagen ii) und iv) aus (5.24). Mit der Aussage iii) aus (5.24) folgt dann die Reflexivität.

Da $\amalg Y_i$ eigentlich über T ist, ist auch $\hat{\mathcal{X}}(\mathfrak{z}) := \amalg Y_i/R$ eigentlich über T (vgl. [5]; I. 10.1 Prop. 5). Aus der Konstruktion von $\mathcal{X}(\mathfrak{z})$ (vgl. (2.8)) folgt, daß $\mathcal{X}(\mathfrak{z}) = \amalg \mathring{Y}_i^!/\mathring{R}$ ist, wobei $\mathring{R}$ die Äquivalenzrelation bezeichne, die entsteht, wenn man in der Definition $Y_i^!$ immer durch $\mathring{Y}_i^!$ ersetzt. Aus der Aussage iv) in (5.24) folgt, daß R und $\mathring{R}$ auf $\amalg \mathring{Y}_i^!$ übereinstimmen. Also ist $\mathcal{X}(\mathfrak{z}) \subset \hat{\mathcal{X}}(\mathfrak{z})$ offen. Mit der Aussage iii) in (5.24) folgt jetzt $\mathcal{X}(\mathfrak{z}) = \hat{\mathcal{X}}(\mathfrak{z})$ und damit die Behauptung.

<u>(5.26) Definition von φ_a.</u> Für jedes $a \in \underline{F}$ wird definiert

$$\varphi_a\colon \Omega(a) \longrightarrow \mathfrak{z}$$

$$(s,\ldots,Y_i,f_i\ldots) \mapsto (\ldots,Y_j,Y_i,f_i^{-1}\circ f_j,\ldots), \quad (i \in \partial j).$$

Dies ist ein wohldefinierter Morphismus nach $\mathfrak{z}$.

Im folgenden wird in den Gruppoiden $\underline{F} \to \underline{G}, \underline{P'} \to \underline{G}$ und $\mathrm{id}\colon \underline{A}_T \to \underline{A}_T$ gerechnet. Man vergleiche (1.2) und (1.3) für die Definitionen von π^* und π_a^*.

<u>(5.27) Definition von $\tilde{\varphi}_a$.</u> Sei $a = (S,X,\tau) \in \underline{F}$ und

$q = (s,\dots,Y_i,f_i,\dots) \in \Omega(a)$ ein verallgemeinerter Punkt. Aus (5.21) folgt, daß die $\mathring{\tilde{Y}}_i, \mathring{Y}_i', f_i|\mathring{\tilde{Y}}_i$ einen I.-Atlas von $X(s)$ bilden, welcher mit η_q bezeichnet wird. Aus der Definition von $\mathfrak{X}$ und φ_a ergibt sich $\Psi \circ \Phi(\eta_q) = \mathfrak{X}(\varphi_a(q))$. Mit (2.9) erhält man einen Isomorphismus $\Theta(\eta_q,(X(s)): \mathfrak{X}(\varphi_a(q)) \to X(s) = (\pi_a^* X)(q)$. Das Inverse davon liefert einen Isomorphismus $\tilde{\varphi}_a(q): (\pi_a^* X)(q) \to \mathfrak{X}(\varphi_a(q))$. Damit erhält man einen Morphismus

$$\tilde{\varphi}_a: \pi_a^* X \to \mathfrak{X}.$$

<u>(5.28).</u> **Sei a** = $(S,X,\tau) \in \underline{F}$ und $(\Omega(a),\pi_a^* X,\rho) := \pi^* a$. Dann wird gesetzt

$$\mathfrak{a} := (\mathfrak{Z},\mathfrak{X},\tilde{\varphi}_a \circ \rho).$$

Im nächsten Satz wird gezeigt:

(*) Die Definition von $\mathfrak{a}$ hängt nicht von a ab.

Jetzt wird definiert

$$\bar{\varphi}_a := (\tilde{\varphi}_a,\varphi_a).$$

Dies ist ein Morphismus in $\underline{F}$!

<u>(5.29) Satz.</u> Durch $\mathfrak{a},\tilde{\Omega},(\bar{\varphi}_a)_{a \in \underline{F}}$ wird eine Darstellung von $p: \underline{F} \to \underline{G}$ gegeben.

<u>Beweis.</u> Seien $a = (S,X,\tau)$ und $a' = (S',X',\tau')$ Deformationen von X_o und $\bar{h} = (\tilde{h},h): a \to a'$ ein Morphismus. Zunächst wird gezeigt, daß das Diagramm

(+)

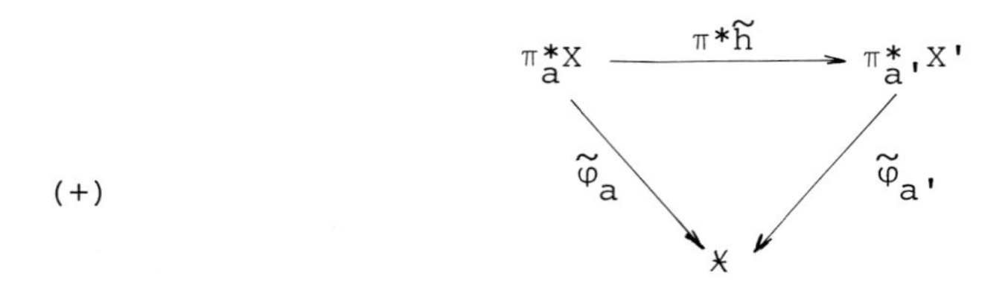

kommutiert. Dabei sei $\pi^*\tilde{h}$ definiert durch $\pi^*\bar{h} = (\pi^*\tilde{h}, Q(\bar{h}))$.

Beweis, daß (+) kommutiert. Sei $q = (s,\ldots,Y_i,\tilde{g}_i,\ldots) \in Q(a)$ ein verallgemeinerter Punkt. Es gilt

$$\varphi_a(q) = (\ldots,Y_i,\tilde{g}_i^{-1}\circ\tilde{g}_j,\ldots) = (\ldots,Y_i,(\tilde{h}(s)\circ\tilde{g}_i)^{-1}\circ(\tilde{h}(s)\circ\tilde{g}_j),\ldots) =$$

$$= \varphi_{a'}(Q(\bar{h})(q))$$

und damit

$$(\times) \qquad \varphi_a = \varphi_{a'} \circ Q(\bar{h}).$$

Sei $q' := Q(\bar{h})(q) \in Q(a')$. Wie in (5.27) hat man einen I.-Atlas $\eta_{q'}$ von $X'(h(s))$ und Isomorphismen

$$\Theta(\eta_q, X(s)) : \mathcal{X}(\varphi_a(q)) \to X(s) = (\pi_a^*X)(q)$$

$$\Theta(\eta_{q'}, X'(h(s))) : \mathcal{X}(\varphi_{a'}(q')) \to X'(h(s)) = (\pi_{a'}^*X')(q').$$

Aus (×) folgt $\mathcal{X}(\varphi_{a'}(q')) = \mathcal{X}(\varphi_a(q))$ und aus (2.10)

$$(\times\times) \qquad \Theta(\eta_{q'}, X'(h(s))) = \tilde{h}(s) \circ \Theta(\eta_q, X(s)) =$$

$$= \pi^*\tilde{h}(q) \circ \Theta(\eta_q, X(s)).$$

Die letzte Gleichung ergibt sich dabei unmittelbar aus der Definition von π^* (vgl. (1.3)). Aus (××) folgt

$$\tilde{\varphi}_a(q) = \tilde{\varphi}_{a'}(q') \circ \pi^*\tilde{h}(q)$$

und damit

$$\tilde{\varphi}_a = \tilde{\varphi}_{a'} \circ \pi^*\tilde{h}.$$

Bemerkung. Da $\pi^*\tilde{h}$ mit den entsprechenden τ's kommutiert, folgt die Aussage (*) aus (5.28).

Daraus ergibt sich $\bar{\varphi}_a = \bar{\varphi}_{a'} \circ \pi^*\bar{h}$ und damit die Behauptung.

(5.30) Satz. Obige Darstellung ist kompakt fortsetzbar.

Beweis. Zu $J,q = (J,(Y_{o,i}),(f_{o,i}))$ erhält man mit (0.25) eine Fortsetzung $\hat{J},\hat{q} = (\hat{J},(\hat{Y}_{o,i}),(\hat{f}_{o,i}))$. Man kann diese so wählen, daß die $\hat{Y}_{o,i}$ ebenfalls dreiecksprivilegiert sind.

Seien jetzt $\hat{Q}(a)$ bzw. $\hat{\mathfrak{z}}$ analog zu $Q(a)$ bzw. $\mathfrak{z}$ definiert und

$$i_a\colon \hat{Q}(a) \to Q(a)$$

$$j\colon \hat{\mathfrak{z}} \longrightarrow \mathfrak{z}$$

die Beschränkungsmorphismen. Da für Polyzylinder K,L mit $L \subset \mathring{K}$ der Beschränkungsmorphismus

$$G(K) \to G(L)$$

kompakt ist, folgt mit (0.26), daß i_a $p(a)$-kompakt ist. Ebenso folgt, daß j kompakt ist. Die Kommutativität der entsprechenden Diagramme aus (1.23) folgt unmittelbar aus den Definitionen (man rechne mit verallgemeinerten Punkten).

(5.31) Existenzsatz. Sei X_o ein kompakter komplexer Raum. Dann existiert eine (endlichdimensionale) semiuniverselle Deformation von X_o.

Beweis. Nach (5.29) und (5.30) besitzt das Gruppoid $p: \underline{F} \to \underline{G}$ (vgl. (5.1)) eine kompakt fortsetzbare Darstellung $(\alpha, \tilde{Q}, (\bar{\varphi}_a)_{a \in \underline{F}})$.

Zwischenbehauptung. Diese Darstellung erfüllt die Bedingung (S) aus (1.37).

Beweis dazu. Seien $a = (S, X, \tau)$ und $a' = (S', X', \tau')$ Deformationen von X_o und $\bar{f} = (\tilde{f}, f)$ bzw. $\bar{h} = (\tilde{h}, h)$ Morphismen von a nach a' mit $f = h$. Es genügt die Implikation "2) $\Rightarrow$ 1)" von (S) nachzuweisen. Sei also $\sigma: S \to Q(a)$ ein Schnitt mit $Q(\bar{f}) \circ \sigma = Q(\bar{h}) \circ \sigma$. Ein Schnitt ist ein S-Punkt aus $Q(a)$ der Form $(id, \ldots, Y_i, \tilde{g}_i, \ldots)$. Für alle $i \in I$ gilt also $\tilde{f}(id) \circ \tilde{g}_i = \tilde{h}(id) \circ \tilde{g}_i$ (vgl. (5.20)). Da die $\tilde{g}_i | \mathring{Y}_i^!: \mathring{Y}_i^! \to X$, $i \in I_o$ eine Überdeckung von X durch Karten liefern (vgl. (5.21)), folgt daraus $\bar{f} = \bar{h}$ und damit die Zwischenbehauptung.

Mit (1.38) folgt jetzt der Existenzsatz.

§ 6 Deformationen von kohärenten analytischen Garben mit kompaktem Träger

(6.1) Schreibweise. Sei $f \in \underline{G}$ (bzw. $\underline{A}$) und $f: Z \to Z'$ ein Morphismus in $\underline{G}$ (bzw. $\underline{A}$). Ist $s: T \to S$ ein verallgemeinerter Punkt aus S, so wird gesetzt

$$\{s\} := T \ , \ \{s\} \times f := id_T \times f \ .$$

(6.2). Sei $K \subset \mathbb{C}^n$ ein Polyzylinder, $S \in \underline{A}$, $Y \subset S \times K$ S-anaplatt und seien $\mathcal{F}, \mathcal{G}$ S-anaplatte $\mathcal{B}_Y$-Moduln (d.h. die Fortsetzungen durch 0 auf $S \times K$ sind S-anaplatt).

Ist $s: T \to S$, so werden mit $\mathcal{F}(s)$ bzw. $\mathcal{G}(s)$ die auf $Y(s)$ zurückgezogenen Garben bezeichnet.

Satz. Der Funktor $\underline{A}_S \to \underline{\mathrm{Ens}}$, der jedem Morphismus $s: T \to S$ die Menge der $\mathcal{B}_{Y(s)}$-Modulmorphismen $\mathcal{F}(s) \to \mathcal{G}(s)$ zuordnet, ist darstellbar.

Beweis. 1. Fall: $Y = S \times K$.

a) $\mathcal{F} = \mathcal{B}^r_{S\times K}$. Sei $s: T \to S$ ein Morphismus in $\underline{A}$.

Es gilt

$$\mathrm{Mor}_{\mathcal{B}_{T\times K}}(\mathcal{F}(s), \mathcal{G}(s)) = \mathrm{Mor}_{\mathcal{B}_{T\times K}}(\mathcal{B}^r_{T\times K}, \mathcal{G}(s)) = \Gamma(T\times K, \mathcal{G}(s)^r) =$$
$$= \mathrm{Mor}_T(T, B(K, \mathcal{G}(s))^r) = \mathrm{Mor}_S(T, B(K, \mathcal{G})^r)$$

(für die vorletzte Gleichung vgl. [64], 5.2). Sei $M := \mathcal{M}or_S(\mathcal{F}, \mathcal{G}) := B(K, \mathcal{G})^r$ und $m: \mathcal{B}^r_{M\times K} \to \mathcal{G}_{M\times K}$ der Morphismus, der in obigen Gleichungen (im Falle $T = B(K,G)^r$) der Identität entspricht. Obiger Funktor wird durch (M,m) dargestellt.

b) <u>Es existiere eine exakte Sequenz</u>

$$\underline{B^l_{S\times K} \overset{q}{\to} B^m_{S\times K} \to F \to 0 .}$$

Durch q wird ein Morphismus

$$Q: Mor_S(B^m_{S\times K},G) \to Mor_S(B^l_{S\times K},G)$$

$$(s,\varphi) \mapsto (s,\varphi \circ q(s))$$

definiert. Sei

$$M := Mor_S(F,G) := Q^{-1}(0) .$$

Die Einschränkung des universellen Morphismus über $Mor_S(B^m_{S\times K},G)$ liefert einen Morphismus $B^m_{M\times K} \to G_{M\times K}$; dieser induziert nach Definition von M einen Morphismus $m: F_{M\times K} \to G_{M\times K}$. Obiger Funktor wird durch (M,m) dargestellt.

c) <u>F beliebig.</u> Da für jeden Punkt $s \in S$ eine offene Umgebung $S' \subset S$ und eine exakte Sequenz $B^{l(s)}_{S'\times K} \to B^{m(s)}_{S'\times K} \to F \to 0$ existiert erhält man mit b) banachanalytische Räume $Mor_{S'}(F|S'\times K,G|S'\times K)$ und Morphismen $m_{S'}$. Wegen der universellen Eigenschaft kann man diese verkleben zu $Mor_S(F,G)$, m.

<u>2. Fall: $Y \subset S \times K$.</u> Sei $i: Y \hookrightarrow S \times K$ die Inklusion und $M := Mor_S(F,G) := Mor_S(i_*F,i_*G)$. Sei $j: Y_M \hookrightarrow M \times K$ die Inklusion, $\tilde{m}$ der universelle Morphismus über $Mor_S(i_*F,i_*G)$ und $m := j^*\tilde{m}$. Obiger Funktor wird durch (M,m) dargestellt.

(6.3) Satz. Sei

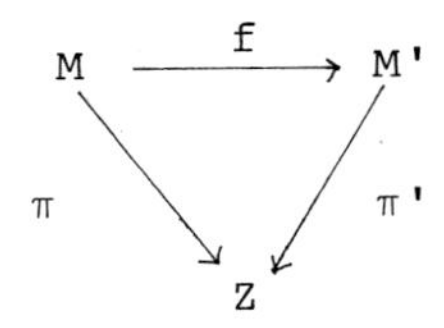

ein kommutatives Diagramm in $\underline{G}$.

Behauptung. Sind π,π' glatt und ist $T_Z f(0)$ ein direkter Epimorphismus, so ist f glatt.

Beweis. Dies folgt mit der relativen Version des impliziten Funktionstheorems (vgl. (7.11)).

(6.4) Satz. Sei A eine Banachalgebra, F ein Banach A-Modul und $q: A^r \to F$ ein A-linearer, direkter Epimorphismus.

Behauptung.
$$\lambda: L_A(A^s,A^r) \to L_A(A^s,F)$$
$$\varphi \mapsto q \circ \varphi$$

ist ein direkter Epimorphismus.

Beweis. Ausgehend von einem ($\mathbb{C}$-linearen) Schnitt von q erhält man einen Schnitt von λ .

(6.5) Satz. Seien S,Y und $\mathcal{F}$ wie in (6.2). Sei $\mathcal{B}_Y^r \xrightarrow{q} \mathcal{F} \to 0$ exakt.

Behauptung.
$$\mathcal{M}or_S(\mathcal{B}_Y^r,\mathcal{B}_Y^r) \to \mathcal{M}or_S(\mathcal{B}_Y^r,\mathcal{F})$$
$$(s,\varphi) \mapsto (s,q(s)\circ\varphi)$$

ist glatt.

Beweis. Dies folgt mit (6.4) aus (6.3) .

(6.6) Satz. Sei A eine Banachalgebra und $F \to S$ ein analytisches Faserbündel von A-Moduln $(S \in \underline{G})$. Seien

$$0 \to K_o \to A^r \to F(0) \to 0$$
$$0 \to A^{r_p} \to \ldots \to A^{r_o} \to F(0) \to 0$$

A-linear und direkt exakt.

Behauptung. Es existieren exakte A-Modulbündel Sequenzen

1) $$0 \to K \to S \times A^r \to F \to 0$$

2) $$0 \to S \times A^{r_p} \to \ldots \to S \times A^{r_o} \to F \to 0 ,$$

die in der Faser über $0 \in S$ mit den vorgegebenen übereinstimmen.

Beweis. 1) ist klar und 2) folgt durch wiederholte Anwendung von 1) .

(6.7). Sei $K \subset \mathbb{C}^n$ ein Polyzylinder, $Y \subset K$ ein privilegierter Unterraum und $\mathcal{F}_o$ ein K-privilegierter $\mathcal{B}_Y$-Modul.

Satz. Der Funktor $M_{\mathcal{F}_o} : \underline{G} \to \underline{\text{Ens}}$, der jedem $S \in \underline{G}$ die Menge der S-anaplatten $\mathcal{B}_{S\times Y}$-Moduln $\mathcal{F}$ mit $\mathcal{F}(0) = \mathcal{F}_o$ zuordnet, ist darstellbar.

Beweis. Da $\mathcal{F}_o$ ein K-privilegierter $\mathcal{B}_Y$-Modul ist existiert ein direkter Epimorphismus $p: B(Y)^r \to B(K,\mathcal{F}_o)$. Da $B(K,\mathcal{F}_o)$ und $B(Y)^r$ endliche, direkt exakte Auflösungen durch freie $B(K)$-Moduln besitzen, existiert auch für $I_o := \mathrm{Ker}\ p$ eine solche (vgl. [18], §4.4). Man hat also eine direkt exakte Sequenz

$$O \to B(K)^{r_p} \to \ldots \to B(K)^{r_o} \to I_o \to O .$$

Sei $G := G_{B(K)}(B(Y)^r)$ (vgl. (7.7)) als Keim in I_o .

Sei $g: S \to G$ ein Morphismus und σ ein Schnitt gegen $G(B(K)^{r_p},\ldots,B(K)^{r_o},B(Y)^r) \overset{\mathrm{Im}}{\to} G$ (vgl. (7.7)). Der Morphismus $\sigma \circ g: S \to G(B(K)^{r_p},\ldots,B(K)^{r_o},B(Y)^r)$ liefert eine direkt exakte Sequenz

$$O \to S \times B(K)^{r_p} \to \ldots \to S \times B(K)^{r_o} \overset{\alpha}{\to} S \times B(Y)^r .$$

Sei $\Gamma(g) :=$ Coker α und Γ der $\Gamma(id_G)$ entsprechende G-anaplatte $\mathcal{B}_{G\times Y}$-Modul (Bemerkung: $\Gamma(g)$ hängt nicht von σ ab).

Sei $\mathcal{F}$ ein S-anaplatter $\mathcal{B}_{S\times Y}$-Modul mit $\mathcal{F}(O) = \mathcal{F}_o$. Mit (6.6) erhält man eine direkt exakte Sequenz

$$O \to I \to S \times B(Y)^r \to B(K,\mathcal{F}) \to O$$

mit $I(O) = I_o$. Durch I wird ein S-Punkt aus G , d.h. ein Morphismus $g: S \to G$ gegeben. Es gilt dann $g^*\Gamma = \mathcal{F}$.

Also wird obiger Funktor durch (G,Γ) dargestellt.

<u>(6.8).</u> Die Bezeichnungen seien wie in (6.7) gewählt. Außerdem sei $\mathcal{F}$ ein S-anaplatter $\mathcal{B}_{S\times Y}$-Modul und $\rho: \mathcal{F}_o \to \mathcal{F}(O)$ ein

Isomorphismus. Mit $S \times \Gamma$ bzw. $G \times F$ werden die mittels der Projektionen $S \times G \times Y \to G \times Y$ bzw. $S \times G \times Y \to S \times Y$ zurückgezogenen Garben bezeichnet.

<u>Satz.</u> Der Morphismus

$$\mathcal{M}or_{S\times G}(S \times \Gamma, G \times F) \to S$$

ist glatt im Punkte $(0, F_o, \rho)$.

<u>Beweis.</u> Es existiert eine direkt exakte Sequenz

$$B(K)^{r_o} \to B(Y)^r \to B(K,F_o) \to 0$$

(vgl. (6.7)). Daraus erhält man mit (6.6) und (7.6) eine exakte Sequenz

$$\mathcal{B}^{r_o}_{G\times K} \xrightarrow{q_1} \mathcal{B}^r_{G\times Y} \xrightarrow{q_o} \Gamma \to 0 .$$

Ebenso erhält man mit (6.6) und (7.6) eine exakte Sequenz

$$\mathcal{B}^{r_o}_{S\times K} \xrightarrow{p_1} \mathcal{B}^r_{S\times Y} \xrightarrow{p_o} F \to 0 ,$$

mit

$$p_1(0) = q_1(0) \quad \text{und} \quad p_o(0) = \rho \circ q_o(0) .$$

Man betrachte jetzt das kommutative Diagramm

$$(s,b) \longmapsto (s,\ \mathrm{coker}(b^{-1} \circ p_1(s)), b)$$

$$\begin{array}{ccc} \mathcal{M}or_S(\mathcal{B}^r_{S\times Y}, \mathcal{B}^r_{S\times Y}) & \longrightarrow & \mathcal{M}or_{S\times G}(\mathcal{B}^r_{S\times G\times Y}, \mathcal{B}^r_{S\times G\times Y}) \\ \downarrow \phi & & \downarrow \chi \\ \mathcal{M}or_{S\times G}(S\times\Gamma, G\times F) & \longrightarrow & \mathcal{M}or_{S\times G}(\mathcal{B}^r_{S\times G\times Y}, G\times F) \end{array} \qquad (*)$$

$$(s,b) \mapsto (s, \mathrm{coker}(b^{-1} \circ p_1(s)), \bar{b}) \qquad (s,G,b) \mapsto (s,G,p_o(s)\circ b)$$

$$(s,G,\varphi) \longmapsto (s,G,\varphi \circ q_o(G))$$

Dabei sei $\bar{b}$ der durch b induzierte Morphismus

$$\begin{array}{ccc}
 & & \downarrow p_1(s) \\
\mathcal{B}^r_{\{s\}\times Y} & \xrightarrow{b} & \mathcal{B}^r_{\{s\}\times Y} \\
q_o(\mathrm{coker}(b^{-1}\circ p_1(s))) \downarrow & & \downarrow p_o(s) \\
\mathrm{coker}(b^{-1}\circ p_1(s)) & \overset{\bar{b}}{\dashrightarrow} & F(s) \\
\downarrow & & \downarrow \\
0 & & 0
\end{array}$$

Die in (*) auftretenden Räume werden aufgefaßt als Keime in $(0,\mathrm{id})$, $(0,F_o,\mathrm{id})$, $(0,F_o,p_o(0))$ bzw. $(0,F_o,\rho)$ (im Uhrzeigersinn beginnend links oben).

Zwischenbehauptung. (*) ist kartesisch.

Beweis dazu. Sei Z das Faserprodukt und

$$\underline{\psi}: \mathcal{M}or_S(\mathcal{B}^r_{S\times Y},\mathcal{B}^r_{S\times Y}) \longrightarrow Z$$

$$(s,b) \longmapsto (s,\mathrm{coker}(b^{-1}\circ p_1(s)),\bar{b},b).$$

Sei $\alpha := (s,G,\varphi,b) \in Z$. Dann gilt

(**) $$p_o(s)\circ b = \varphi\circ q_o(G) .$$

Man betrachte das Diagramm

$$\begin{array}{ccc}
 & & \downarrow p_1(s) \\
\mathcal{B}^r_{\{s\}\times Y} & \xrightarrow{b} & \mathcal{B}^r_{\{s\}\times Y} \\
q_o(G) \downarrow & & \downarrow p_o(s) \\
G & \xrightarrow{\varphi} & F \\
\downarrow & & \downarrow \\
0 & & 0
\end{array}$$

Da $\varphi(0) = \rho$ ist, ist φ ein Isomorphismus. Mit (**) folgt $\mathrm{Im}(b^{-1} \circ p_1(s)) \subset \mathrm{Ker}\ q_0(G)$. Da im ausgezeichneten Punkt die Gleichheit gilt, folgt $\mathrm{Im}(b^{-1} \circ p_1(s)) = \mathrm{Ker}\ q_0(G)$, d.h. $G = \mathrm{coker}(b^{-1} \circ p_1(s))$ und $\varphi = \bar{b}$. Also ist $\alpha = \Psi(s,b)$, d.h. Ψ ist surjektiv. Da Ψ trivialerweise injektiv ist, folgt die Zwischenbehauptung.

Nach (6.5) ist χ glatt. Mit der Zwischenbehauptung folgt, daß auch ϕ glatt ist. Die Behauptung ergibt sich jetzt mit (5.7) aus dem Diagramm

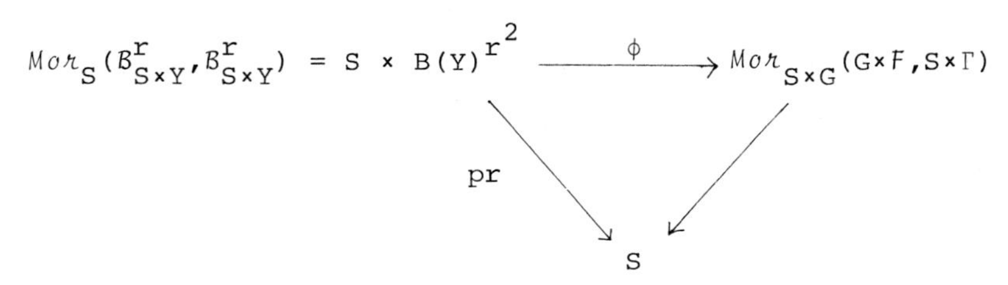

<u>(6.9).</u> Seien $S, T, \hat{T} \in \underline{G}$, $\kappa: \hat{T} \to T$ ein kompakter Morphismus, $\hat{K}, K$ Polyzylinder mit $K \subset \overset{\circ}{\hat{K}}$ und $\hat{Y} \subset \hat{K}$, $Y \subset K$ privilegierte Unterräume mit $Y = \hat{Y} \cap K$. Ferner seien $\hat{F}, \hat{H}$ $S\times\hat{T}$-anaplatte $\mathcal{B}_{S\times\hat{T}\times\hat{Y}}$-Moduln und F, H $S\times T$-anaplatte $\mathcal{B}_{S\times T\times Y}$-Moduln, so daß gilt

$$(*) \qquad \begin{aligned} \hat{F} \otimes_{\mathcal{B}_{S\times\hat{T}\times\hat{Y}}} \mathcal{B}_{S\times\hat{T}\times Y} &= (\mathrm{id}_S \times \kappa \times \mathrm{id}_Y)^* F \\ \hat{H} \otimes_{\mathcal{B}_{S\times\hat{T}\times\hat{Y}}} \mathcal{B}_{S\times\hat{T}\times Y} &= (\mathrm{id}_S \times \kappa \times \mathrm{id}_Y)^* H . \end{aligned}$$

<u>Satz.</u> Der Morphismus

$$\iota: \mathcal{M}or_{S\times\hat{T}}(\hat{F}, \hat{H}) \to \mathcal{M}or_{S\times T}(F, H)$$
$$(s,t,\varphi) \mapsto (s, \kappa(t), \varphi | \{(s,t)\} \times Y)$$

ist S-kompakt in jedem Punkt.

Beweis. Sei $\hat{\mathcal{B}} := \mathcal{B}_{S\times\hat{T}\times\hat{Y}}$ und $\mathcal{B} := \mathcal{B}_{S\times T\times Y}$.

Spezialfall. Es gebe $\hat{\mathcal{B}}$-Modulepimorphismen $\hat{p}: \hat{\mathcal{B}}^1 \to \hat{F}$, $\hat{q}: \hat{\mathcal{B}}^m \to \hat{H}$ und $\mathcal{B}$-Modulepimorphismen $p: \mathcal{B}^1 \to F$, $q: \mathcal{B}^m \to H$, so daß gilt:

$$(**)\quad \begin{aligned} \hat{p} \otimes \mathrm{id} &= (\mathrm{id}_S \times \kappa \times \mathrm{id}_Y)^* p \\ \hat{q} \otimes \mathrm{id} &= (\mathrm{id}_S \times \kappa \times \mathrm{id}_Y)^* q \ . \end{aligned}$$

Beweis des Spezialfalles. Man betrachte das kommutative Diagramm

$$\begin{array}{ccc}
\mathcal{M}or_{S\times\hat{T}}(\hat{F},\hat{H}) & \xrightarrow{\iota} & \mathcal{M}or_{S\times T}(F,H) \\
\hat{j}\downarrow & & \downarrow j \\
B(\hat{K},\hat{H})^1 = \mathcal{M}or_{S\times\hat{T}}(\hat{\mathcal{B}}^1,\hat{H}) & \longrightarrow & \mathcal{M}or_{S\times T}(\mathcal{B}^1,H) = B(K,H)^1 \\
\uparrow\hat{\pi} & & \uparrow\pi \\
B(\hat{K},\hat{\mathcal{B}})^{1\cdot m} = \mathcal{M}or_{S\times\hat{T}}(\hat{\mathcal{B}}^1,\hat{\mathcal{B}}^m) & \xrightarrow{\rho} & \mathcal{M}or_{S\times T}(\mathcal{B}^1,\mathcal{B}^m) = B(K,\mathcal{B})^{1\cdot m} \\
\| & & \| \\
S\times\hat{T}\times B(\hat{Y})^{1\cdot m} & & S\times T\times B(Y)^{1\cdot m}
\end{array}$$

wobei $\hat{j}$ bzw. $\hat{\pi}$ die "Kompositionen" mit $\hat{p}$ bzw. $\hat{q}$, j bzw. π die "Kompositionen" mit p bzw. q und die waagerechten Pfeile die Beschränkungen sind. Da $\hat{\pi}$ direkt und epimorph ist, besitzt es einen Schnitt. Aus (0.26) folgt, daß die Beschränkung $B(\hat{Y}) \to B(Y)$ kompakt ist (man setze in (0.26) $S = T = \hat{T} = 0$, $X = \mathbb{C}$) . Daraus folgt der Spezialfall.

Allgemeiner Fall. Es existieren Epimorphismen $B^1_{\hat{K}} \to \hat{F}(0)$ und $B^m_{\hat{K}} \to \hat{H}(0)$. Durch Beschränken erhält man Epimorphismen $B^1_K \to F(0)$ und $B^m_K \to H(0)$. Mit (6.6) und (7.6) erhält man daraus Epimorphismen $\hat{p}\colon \hat{B}^1 \to \hat{F}$, $\hat{q}\colon \hat{B}^m \to \hat{H}$ sowie $p\colon B^1 \to F$ und $q\colon B^m \to H$ mit $\hat{p}(0)|K = p(0)$, $\hat{q}(0)|K = q(0)$. Sei $\hat{A} := S \times \hat{T}$ und $A := S \times T$.

In dem folgenden kommutativen Diagramm seien χ, ρ_1 und ρ_2 die "Beschränkungsmorphismen" (vgl. die Definition von ι) und alle anderen Morphismen die kanonischen.

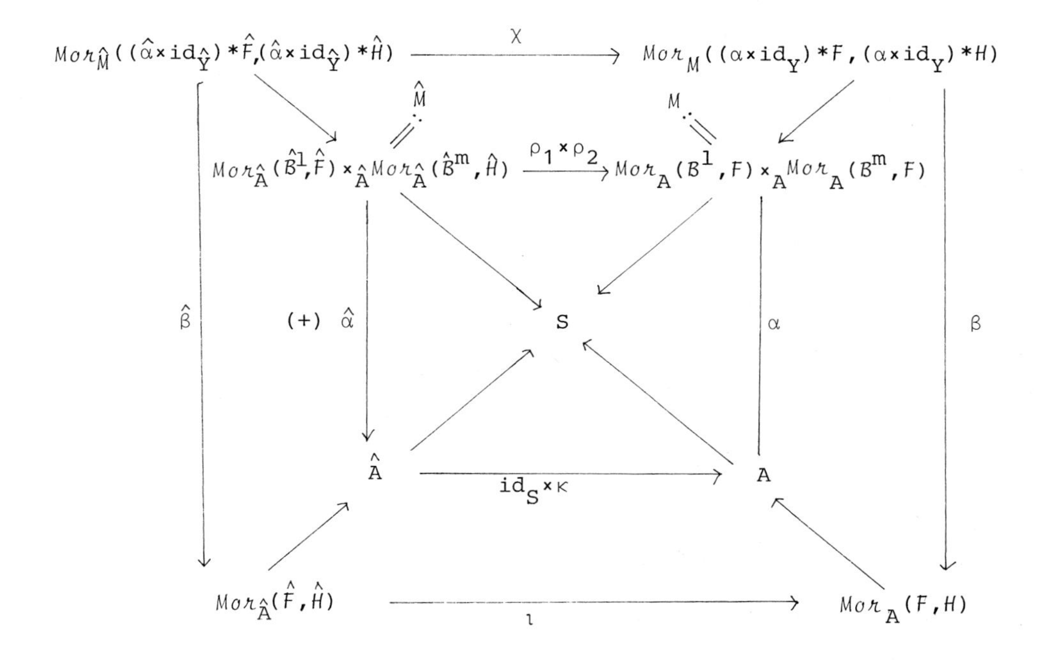

Dabei werden $\hat{M}$ bzw. M als Keime in $(0,\hat{p}(0),\hat{q}(0))$ bzw. $(0,p(0),q(0))$ aufgefaßt. Da (+) kartesisch ist und $\hat{\alpha}$ einen Schnitt besitzt, existiert auch ein Schnitt gegen $\hat{\beta}$. Es genügt also zu zeigen, daß χ S-kompakt in jedem Punkt ist.

Beweis dazu. Der Rückzug des universellen Morphismus über $Mor_A(B^1,F)$ mit $pr_1: M \to Mor_A(B^1,F)$ liefert einen ("kanonischen") Epimorphismus

$$P: B^1_{M\times K} \to (\alpha\times id_Y)^*F \ .$$

Analog erhält man ("kanonische") Epimorphismen $Q,\hat{P},\hat{Q}$. Damit folgt die Behauptung aus dem Spezialfall.

(6.10). Für den Rest dieses Paragraphen sei X ein fest vorgegebener komplexer Raum und F_o eine kohärente analytische Garbe auf X mit kompaktem Träger.

Bezeichnung. Mit $\underline{P}$ wird die Kategorie bezeichnet, deren Objekte S-anaplatte Garben auf $S \times X$ $(S \in \underline{G})$ sind und deren Morphismen wie folgt gegeben sind: Seien F bzw. F' Objekte aus $\underline{P}$ über $S \times X$ bzw. $S' \times X$. Ein Morphismus von F nach F' ist ein Paar $(f,\tilde{f})$, wobei $f: S \to S'$ ein Morphismus in $\underline{G}$ und $\tilde{f}: F \to (f\times id_X)^*F'$ ein Isomorphismus von $\mathcal{O}_{S\times X}$-Moduln ist. Man erhält ein Gruppoid

$$\rho: \underline{P} \to \underline{G} \ .$$

Definition. Eine Deformation von F_o ist ein Tripel (s,F,τ) , wobei $S \in \underline{G}$, F ein S-anaplatter $\mathcal{O}_{S\times X}$-Modul, dessen Träger eigentlich über S liegt und $\tau: F_o \to F(0)$ ein Isomorphismus ist. Ein Morphismus $(s,F,\tau) \to (s,F',\tau')$ zwischen zwei Deformationen von F_o ist ein Morphismus $\bar{f} = (f,\tilde{f}): F \to F'$ in $\underline{P}$, so daß $\tau' = \tilde{f}(0) \circ \tau$ ist. Man erhält ein Gruppoid

$$p: \underline{F} \to \underline{G} .$$

<u>(6.11).</u> Im folgenden sei $J = (I,(K_i),(K_i'))$ Typ einer 2-Panzerung und $(J,(Y_i),(f_i))$ eine F_o-privilegierte 2-Panzerung von $(\text{supp } F,X_o)$ (vgl. (0.15)-(0.19)). Sei (G_i,Γ_i) ein Paar $(G_i \in \underline{G})$, das den Funktor $M_{f_i^* F_o}$ darstellt (vgl. (6.7)).

<u>Definition des Funktors $\tilde{Q}$.</u> Für jede Deformation $a = (s,F,\tau)$ von F_o sei $Q(a)$ der Keim von $\prod_{i\in I} {}_S\mathcal{M}or_{S\times G_i}(S\times\Gamma_i, G_i\times(id_S\times f_i)^*F)$ im Punkte $(0;\ldots;f_i^*F_o,f_i^*\tau;\ldots)$. Mit (6.8) folgt, daß $Q(a) \to S$ glatt ist. Ist $(s;\ldots;G_i,\varphi_i;\ldots) \in Q(a)$ ein verallgemeinerter Punkt, so wird $\varphi_i: G_i \to (\{s\} \times f_i)^*F(s)$ im folgenden stets aufgefaßt als Morphismus $G_i \to F(s)$ (man vgl. (0.10) zur Bezeichnung $F(s)$; hier wird im Gruppoid $\rho: \underline{P} \to \underline{G}$ gerechnet). Sei $a' = (S',F',\tau')$ eine weitere Deformation von F_o und $\bar{g}: a \to a'$ ein Morphismus in $\underline{F}$. Dann wird

$$Q(\bar{g}): Q(a) \to Q(a')$$

definiert durch

$$(s;\ldots;G_i,\varphi_i;\ldots) \mapsto (s;\ldots;G_i,\bar{g}(s)\circ\varphi_i;\ldots).$$

Man erhält einen Funktor

$$\tilde{Q}: \underline{F} \to \underline{L}$$

(vgl. (1.2)).

<u>(6.12) Definition des Raumkeimes $\mathfrak{Z}$.</u> Für $i,j \in I$ mit $i \in \partial j$ oder $i \in \partial\partial j$ wird der Keim von

$Mor_{G_i \times G_j}(G_i \times \Gamma_j, G_j \times (id_{G_i} \times (f_i^{-1} \circ f_j))^* \Gamma_i)$ in $(f_i^* F_o, f_j^* F_o, id_{f_j^* F_o})$

mit M_{ji} bezeichnet. Ist $(G_i, G_j, \varphi) \in M_{ji}$ ein verallgemeinerter Punkt, so wird $\varphi: G_j \to (\{G_i\} \times (f_i^{-1} \circ f_j))^* G_i$ im folgenden stets aufgefaßt als Morphismus $\varphi: G_j \to G_i$. Für $i,k,j \in I$ mit $j \in \partial k$, $i \in \partial j$ hat man den Morphismus

$$\chi_{kji}: M_{kj} \times_{G_j} M_{ji} \to M_{ki}$$

$$(G_j, G_k, \varphi; G_i, G_j, \psi) \mapsto (G_i, G_k, \psi \circ \varphi) \; .$$

Für $(\alpha,\beta) = (0,1)$ oder $(1,2)$, $i \in I_\alpha$, $j \in I_\beta$ mit $i \in \partial j$ sei $p_{ji}: \prod_{\mu \in I_\alpha} G_\mu \times \prod_{\nu \in I_\beta} G_\nu \to G_i \times G_j$ die Projektion. Für $i,k \in I$ mit $i \in \partial\partial k$ sei

$I_{ki} := \{(j,j') \in I_1^2 \mid j \in \partial k \, , \, j' \in \partial k \, , \, i \in \partial j \cap \partial j'\}$.

Man erhält wie folgt zwei Morphismen

$$\prod{}^* p_{kj}^* M_{kj} \times_{\prod G_j} \prod{}^* p_{ji}^* M_{ji} \rightrightarrows \prod (M_{ki} \times I_{ki}) \; ,$$

wobei $\prod^*$ das Faserprodukt über $\prod_{\mu \in I_1} G_\mu \times \prod_{\nu \in I_2} G_\nu$ bzw. $\prod_{\mu \in I_o} G_\mu \times \prod_{\nu \in I_1} G_\nu$ bedeutet und (k,j) alle Paare aus $I_2 \times I_1$ mit $j \in \partial k$, j alle Elemente aus I_1, (j,i) alle Paare aus $I_1 \times I_o$ mit $i \in \partial j$ und (k,i) alle Paare aus $I_2 \times I_o$ mit $i \in \partial\partial k$ durchläuft. Um die Komponente nach $M_{ki} \times \{(j,j')\}$ zu erhalten, projiziere man auf $M_{kj} \times_{G_j} M_{ji}$ bzw. $M_{kj'} \times_{G_{j'}} M_{j'i}$ und komponiere mit χ_{kji} bzw. $\chi_{kj'i}$.

Sei $\mathfrak{Z}$ der Kern dieses Doppelpfeiles.

(6.13) Konstruktion der Garbe $\mathcal{H}$ über $\mathfrak{Z} \times X$.

Sei $\mathfrak{z} : T \to \mathfrak{Z}$ ein verallgemeinerter Punkt aus $\mathfrak{Z}$, gegeben durch T-anaplatte $\mathcal{B}_{T\times Y_i}$-Moduln $\mathcal{G}_i$ und Morphismen $\varphi_i^j : \mathcal{G}_j \to \mathcal{G}_i$, so daß für alle $(i,j,j',k) \in I_o\times I_1\times I_1\times I_2$ mit $j,j' \in \partial k$, $i \in \partial\partial k$, $i \in \partial j \cap \partial j'$ gilt

$$\varphi_i^j \circ \varphi_j^k = \varphi_i^{j'} \circ \varphi_{j'}^k \quad .$$

Sei $\underline{S}_T$ die Kategorie, deren Objekte T-anaplatte Garben über $T \times Z$ $(Z \in \underline{A})$ sind und deren Morphismen wie folgt gegeben sind: Seien $\mathcal{F},\mathcal{F}'$ T-anaplatte Garben über $T \times Z$ bzw. $T \times Z'$. Ein Morphismum von $\mathcal{F}$ nach $\mathcal{F}'$ ist ein Paar $(g,\tilde{g})$, wobei $g: Z \to Z'$ ein Morphismus in $\underline{A}$ und $\tilde{g}: \mathcal{F} \to (id_T\times g)^*\mathcal{F}'$ ein Isomorphismus ist. Mittels des Funktors $\underline{S}_T \to \underline{A}$, der jeder T-anaplatten Garbe $\mathcal{F}$ über $T \times Z$ den Raum Z und jedem Morphismus $(g,\tilde{g})$ in $\underline{S}_T$ den Morphismus g zuordnet, erhält man ein Gruppoid

$$\underline{S}_T \to \underline{A} \; .$$

Dieses erfüllt für endliche Indexmengen J die Verklebebedingungen (V1) und (V2) aus (2.1) . Sei $N \subset X$ eine offene Menge mit $\operatorname{supp} \mathcal{F}_o \subset N$ und $\bar{N} \subset \bigcup_{i\in I_o} f_i(\mathring{Y}_i') =: X'$. Sei L das Komplement von N in X .

Seien $a_i := \mathcal{G}_i|T\times\mathring{Y}_i$, $a_i' := \mathcal{G}_i|T\times\mathring{Y}_i'$, $g_i^j := id_T\times(f_i^{-1}\circ f_j)$, $\bar{g}_i^j := (g_i^j,\varphi_i^j)$ $(i \in \partial j)$ und $z := ((a_i),(a_i'),(\bar{g}_i^j))$. Letzteres ist ein I. Puzzle in $\underline{S}_T \to A$ (man vergleiche dazu (4.18)). Der Funktor Ψ (vgl. (2.8) , (2.9)) liefert eine Garbe $\Psi(z)$ auf $T \times X'$. Wie in (3.6) sieht man mittels

(7.14) , daß der Träger von $\Psi(z)$ in $T \times N$ enthalten ist.

Sei $\mathcal{H}(\mathfrak{z})$ die Garbe auf X mit

$$\mathcal{H}(\mathfrak{z}) \mid S \times N = \Psi(z) \mid S \times N ,$$

$$\mathcal{H}(\mathfrak{z}) \mid S \times L = 0 .$$

Dies ist eine T-anaplatte Garbe über $T \times X$.

<u>(6.14) Definition von φ_a</u> . Für jedes $a \in \underline{F}$ wird definiert

$$\varphi_a : Q(a) \to \mathfrak{z}$$

$$(s;\ldots;G_i,\varphi_j;\ldots) \mapsto (\ldots;G_i,G_j,\varphi_i^{-1} \circ \varphi_j;\ldots).$$

Dies ist ein wohldefinierter Morphismus nach $\mathfrak{z}$.

Im folgenden wird in den Gruppoiden $\underline{F} \to \underline{G}$, $\underline{P} \to \underline{G}$ und $\underline{S}_T \to \underline{A}$ gerechnet. Man vergleiche (1.2) und (1.3) für die Definition von π^* bzw. π_a^* .

<u>(6.15) Definition von $\bar{\varphi}_a$</u> . Sei X' wie oben, $a = (S,F,\tau) \in \underline{F}$ und $F' := F|S \times X'$, $\mathcal{H}' := \mathcal{H}|\mathfrak{z} \times X'$. Sei $q = (s;,\ldots;G_i,\varphi_i;\ldots)$ $\in Q(a)$ ein verallgemeinerter Punkt und $T := \{s\}$. Die $G_i|T \times \overset{\circ}{Y}_i$, $G_i|T \times \overset{\circ}{Y}{}_i^!$, $\varphi_i|T \times \overset{\circ}{Y}_i$ bilden einen I.-Atlas von $(\mathcal{H}'(s),\mathcal{H}(s))$ im Gruppoid $\underline{S}_T \to \underline{A}$, welcher mit η_q bezeichnet wird. Aus der Definition von $\mathcal{H}$ und φ_a ergibt sich $\Psi \circ \Phi(\eta_q) = \mathcal{H}'(\varphi_a(q))$ (vgl. (2.7) und (2.8)) . Mit (2.9) erhält man einen Isomorphismus $\Theta(\eta_q,F(s)):\mathcal{H}'(\varphi_a(q)) \to F'(s) =$ $(\pi_a^* F')(q)$. Mit (7.14) folgt, daß $\operatorname{supp} F'(s) \subset T \times N$ ist. Also erhält man einen Isomorphismus $\mathcal{H}(\varphi_a(q)) \to \pi_a^* F$. Das Inverse davon liefert für $q = \mathrm{id}_{Q(a)}$ einen Morphismus

$$\bar{\varphi}_a\colon \pi_a^* F \to \mathcal{H}$$

in $\underline{P}$.

<u>(6.16).</u> Sei $a = (s, F, \tau)$ und $(Q(a), \pi_a^* F, \rho) := \pi^* a$. Dann wird gesetzt

$$\mathfrak{A} := (\mathfrak{Z}, \mathcal{H}, \bar{\varphi}_a \circ \rho).$$

Im nächsten Satz wird gezeigt:

(*) Die Definition von $\mathfrak{A}$ hängt nicht von a ab .

Insbesondere liefert $\bar{\varphi}_a$ dann einen Morphismus in $\underline{F}$.

<u>(6.17) Satz.</u> Durch $\mathfrak{A}$, $\tilde{Q}$, $(\bar{\varphi}_a)_{a \in \underline{F}}$ wird eine Darstellung von $p\colon \underline{F} \to \underline{G}$ gegeben.

<u>Beweis.</u> Seien $a = (S, F, \tau)$ und $b = (T, K, \rho)$ Deformationen von F_o und $\bar{h} = (h, \tilde{h})\colon a \to b$ ein Morphismus. Es genügt zu zeigen, daß das Diagramm

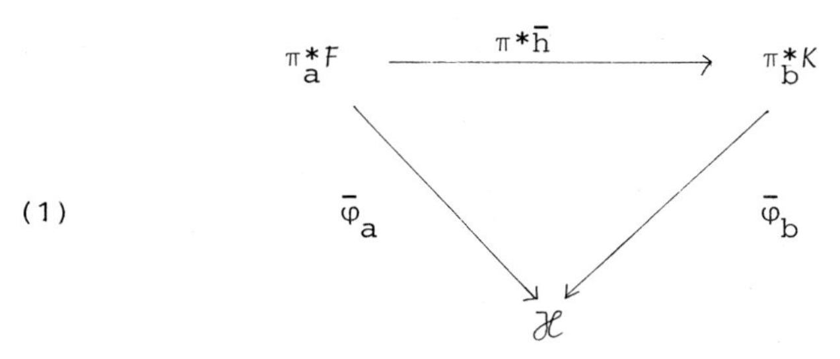

(in $\underline{P}$) kommutiert. Da $\pi^* \bar{h}$ sogar ein Morphismus in $\underline{F}$ ist, folgt daraus dann die Aussage (*) in (6.16) .

Sei $q = (s; \ldots; G_i, \varphi_i; \ldots) \in Q(a)$ ein verallgemeinerter Punkt.

Es gilt

$$\varphi_a(q) = (\ldots; G_i, G_j, \varphi_i^{-1} \circ \varphi_j; \ldots) = (\ldots; G_i, G_j, (\bar{h}(s) \circ \varphi_i)^{-1} \circ (\bar{h}(s) \circ \varphi_j); \ldots) =$$
$$= \varphi_b(Q(\bar{h})(q))$$

und damit

$$(2) \qquad \varphi_a = \varphi_b \circ Q(\bar{h}) \ .$$

Seien N, X' wie in (6.13) und $F' := F | S \times X'$, $K' := K | S \times X'$, $\mathcal{H}' := \mathcal{H} | \mathcal{Z} \times X'$. Sei $q \in Q(a)$ wie oben und $r := Q(\bar{h})(q) \in Q(b)$. Sei ferner η_q wie in (6.15) definiert und η_r der durch $G_i | T \times \overset{\circ}{Y}_i$, $G_i | T \times \overset{\circ}{Y}{}'_i$, $\bar{h}(s) \circ \varphi_i | T \times \overset{\circ}{Y}_i$ $(T := \{s\})$ gegebene I.-Atlas von $(K'(h(s)), K(h(s)))$. Mit (2.9) erhält man Isomorphismen

$$\Theta(\eta_q, F(s)) : \mathcal{H}(\varphi_a(q)) \to F(s) = (\pi_a^* F)(q)$$

$$\Theta(\eta_r, K(h(s))) : \mathcal{H}(\varphi_b(r)) \to K(h(s)) = (\pi_b^* K)(r) \ .$$

Aus (2) folgt $\mathcal{H}(\varphi_b(r)) = \mathcal{H}(\varphi_a(q))$ und aus (2.10)

$$(3) \qquad \Theta(\eta_r, K'(h(s))) = \bar{h}(s) \circ \Theta(\eta_q, F'(s)) =$$
$$= (\pi^* \bar{h})(q) \circ \Theta(\eta_q, F'(s)) \ .$$

Die letzte Gleichung ergibt sich dabei unmittelbar aus der Definition von π^* (vgl. (1.3)). Aus der Definition von $\bar{\varphi}_a$ (vgl. (6.15)) folgt mit (3)

$$\bar{\varphi}_a(q) = \bar{\varphi}_b(r) \circ \pi^* \bar{h}(q)$$

und damit

$$\bar{\varphi}_a = \bar{\varphi}_b \circ \pi^* \bar{h} \ .$$

<u>(6.18) Satz.</u> Obige Darstellung ist kompakt fortsetzbar.

Beweis. Zu J, $(J,(Y_i),(f_i))$ erhält man mit (0.25) eine Fortsetzung $\hat{J}$, $(\hat{J},(\hat{Y}_i),(\hat{f}_i))$.

Seien jetzt $\hat{Q}(a)$ und $\hat{\mathfrak{z}}$ analog zu $Q(a)$ und $\mathfrak{z}$ definiert. Außerdem seien

$$i_a : \hat{Q}(a) \to Q(a)$$
$$j : \hat{\mathfrak{z}} \to \mathfrak{z}$$

Die Beschränkungsmorphismen. Da für Polyzylinder K,L mit $L \subset \overset{\circ}{K}$ der Beschränkungsmorphismus

$$G(K) \to G(L)$$

kompakt ist (vgl. [18] 4.5), folgt mit (6.9), daß i_a $p(a)$-kompakt ist. Ebenso folgt, daß j kompakt ist. Die Kommutativität der entsprechenden Diagramme aus (1.23) folgt unmittelbar aus den Definitionen (man rechne mit verallgemeinerten Punkten).

(6.19) Existenzsatz. Sei X ein komplexer Raum und $\mathcal{F}_o$ eine kohärente analytische Garbe auf X mit kompaktem Träger. Dann existiert eine (endlichdimensionale) semiuniverselle Deformation von $\mathcal{F}_o$.

Beweis. Nach (6.17) und (6.18) besitzt das Gruppoid eine kompakt fortsetzbare Darstellung $(\mathfrak{A},\tilde{Q},(\bar{\varphi}_a)_{a \in \underline{F}})$.

Zwischenbehauptung. Diese Darstellung erfüllt die Bedingung (S) aus (1.37).

Beweis dazu. Seien $a = (S,\mathcal{F},\tau)$ und $a' = (S',\mathcal{F}',\tau')$ Deformationen von F_o und $\bar{f} = (f,\tilde{f})$, $\bar{g} = (g,\tilde{g}) : a \to a'$ Morphismen in $\underline{F}$ mit $p(\bar{f}) = p(\bar{g})$, d.h. $f = g$. Es genügt die Implikation "2) $\Rightarrow$ 1)" von (S) nachzuweisen. Sei also $\sigma: S \to Q(a)$ ein Schnitt mit $Q(\bar{f}) \circ \sigma = Q(\bar{g}) \circ \sigma$. Ein Schnitt ist ein S-Punkt aus $Q(a)$ der Form $(id_S;\ldots;G_i,\varphi_i;\ldots)$. Für alle $i \in I$ gilt also $\tilde{f} \circ \varphi_i = \bar{f}(id_S) \circ \varphi_i = \bar{g}(id_S) \circ \varphi_i = \tilde{g} \circ \varphi_i$ (vgl. (6.11)). Sei N wie in (6.13). Da die $f_i|\overset{o}{Y}{}'_i \to X$ eine Überdeckung von N durch Karten liefern, folgt mit (7.14) $\bar{h} = \bar{f}$ und damit die Zwischenbehauptung.

Mit (1.38) folgt jetzt der Existenzsatz.

Kapitel III **Anhang**

In §7 werden Sätze und Definitionen bereitgestellt, die in den ersten beiden Kapiteln benötigt werden. Insbesondere werden die Begriffe "privilegiert" und "anaplatt" behandelt.

In §8 wird eine kurze Einführung in die Theorie der banach-analytischen Räume gegeben. Dabei wird besonders Wert darauf gelegt, wesentliche Unterschiede zum endlichdimensionalen Fall, d.h. zu den komplexen Räumen, aufzuzeigen.

§ 7 Anhang 1

(7.1). Sei $K = K_1 \times \ldots \times K_n \subset \mathbb{C}^n$ ein Polyzylinder, das heißt ein Produkt von n kompakten, konvexen Teilmengen von $\mathbb{C}$ mit nicht leerem Inneren. Mit $B(K)$ wird der Banachraum der stetigen Funktionen von K nach $\mathbb{C}$, die im Inneren von K holomorph sind, bezeichnet.
Für jede offene Teilmenge $U \subset \mathbb{C}^n$ sei $\mathcal{B}_K(U)$ die Menge der auf $U \cap K$ stetigen Funktionen nach $\mathbb{C}$, die auf $U \cap \mathring{K}$ holomorph sind. Man erhält auf diese Weise eine Garbe $\mathcal{B}_K$ von Algebren auf K mit $H^0(K, \mathcal{B}_K) = B(K)$.

Bemerkung. Für alle $q > 0$ gilt

$$H^q(K, \mathcal{B}_K) = 0$$

(vgl. [18] § 6 th. 1, [64] prop. 1.1).

Ein $\mathcal{B}_K$-Modul $\mathcal{F}$ heißt K-privilegiert, falls eine endliche Auflösung $\mathcal{L}.$ von $\mathcal{F}$ durch freie $\mathcal{B}_K$-Moduln existiert, so daß der Komplex von Banachräumen

$$\mathcal{L}.(K) \to \mathcal{F}(K) \to 0$$

direkt exakt ist.

Bemerkung. $\mathcal{F}$ ist genau dann K-privilegiert, wenn $\mathcal{F}$ lokal K-privilegiert ist, das heißt wenn für jeden Punkt $x \in K$ eine Polyzylinder-Umgebung P von x (in K) existiert, so daß $\mathcal{B}_P \otimes_{\mathcal{B}_K} \mathcal{F}$ P-privilegiert ist (vgl. [64], th. 3.1).

Sei $U \subset \mathbb{C}^n$ offen und $\mathcal{F}$ eine kohärente Garbe auf U. Ein Polyzylinder $K \subset U$ heißt $\mathcal{F}$-privilegiert, wenn eine endliche Auflösung $\mathcal{L}.$ von $\mathcal{F}(K)$ durch freie $\mathcal{O}(K)$-Moduln existiert, so daß

$$B(K) \otimes_{\mathcal{O}(K)} \mathcal{L}. \to B(K) \otimes_{\mathcal{O}(K)} \mathcal{F}(K) \to 0$$

direkt exakt ist. Es wird gesetzt $B(K,\mathcal{F}) := B(K) \otimes_{\mathcal{O}(K)} \mathcal{F}(K)$.

Bemerkung. Seien $\mathcal{F}_1,\ldots,\mathcal{F}_k$ kohärente Garben auf U, $x \in U$ und $V \subset U$ eine offene Umgebung von x. Dann existiert ein Polyzylinder $K \subset V, x \in \overset{\circ}{K}$, der privilegiert ist für alle $\mathcal{F}_\nu$. Genauer gilt:

> $(\forall\ x = (x_1,\ldots,x_n) \in U)$ $(\exists$ Umgebung U_n von $x_n)$ $(\forall$ Polyzylinderumgebungen $K_n \subset U_n$ von $x_n)$ $(\exists$ Umgebung U_{n-1} von $x_{n-1})\ldots(\exists$ Umgebung U_1 von $x_1)$ $(\forall$ Polyzylinderumgebungen $K_1 \subset U_1$ von $x_1)$ ist $K = K_1 \times\ldots\times K_n$ ein für alle $\mathcal{F}_\nu$ privilegierter Polyzylinder (vgl. [18], § 7.4).

(7.2) Definition. Ein privilegierter Unterraum eines Polyzylinders K ist ein geringter Raum $(Y,\mathcal{B}_Y)$, wobei $Y \subset K$ und die Fortsetzung von $\mathcal{B}_Y$ durch 0 eine K-privilegierte Quotientengarbe von $\mathcal{B}_K$ mit Träger Y ist.

(7.3) Bemerkung. Ist Y ein privilegierter Unterraum von K, so ist $Y \cap \overset{\circ}{K}$ ein komplexer Unterraum von $\overset{\circ}{K}$. Im allgemeinen ist jedoch Y nicht Durchschnitt eines komplexen Raumes mit K.

(7.4) Bezeichnung. Es wird gesetzt

$$B(Y) = \Gamma(Y,\mathcal{B}_Y).$$

(7.5). Sei S ein banachanalytischer Raum und K ein Polyzylinder im $\mathbb{C}^n$. Für jeden Polyzylinder $P \subset K$ werde mit $\mathring{P}_K$ das Innere von P in K bezeichnet.

Für offene Unterräume $S' \subset S$ wird gesetzt

$$\mathcal{B}_{S\times K}(S' \times \mathring{P}_K) := \varprojlim \operatorname{Mor}(S', B(Q)),$$

wobei der projektive Limes über alle in $\mathring{P}_K$ enthaltenen Polyzylinder gebildet wird. Damit erhält man eine Prägarbe $\mathcal{B}_{S\times K}$ von Algebren auf $S \times K$, die sogar eine Garbe ist (vgl. [64] Prop. 4.8).

Bemerkung. $H^0(\{s\} \times K, \mathcal{B}_{S\times K})$ ist die Menge der Morphismen von S nach $B(K)$ und für $q > 0$ ist $H^q(\{s\} \times K, \mathcal{B}_{S\times K}) = 0$. Außerdem gilt: $\mathcal{O}_{S\times\mathring{K}} = \mathcal{B}_{S\times K}|S \times \mathring{K}$ (vgl. [64] Prop. 4.8).

Sei $\mathcal{F}$ eine $\mathcal{B}_{S\times K}$-Modulgarbe auf $S \times K$. Für jedes $s \in S$ erhält man durch die Definition

$$\mathcal{F}(s)_x := \mathcal{B}_{K,x} \otimes_{\mathcal{B}_{S\times K,(s,x)}} \mathcal{F}_{(s,x)}$$

eine $\mathcal{B}_K$-Modulgarbe $\mathcal{F}(s)$ auf K.

Definition. Eine $\mathcal{B}_{S\times K}$-Modulgarbe $\mathcal{F}$ auf $S \times K$ heißt S-anaplatt, wenn gilt

(A1) Für alle $(s,x) \in S \times K$ existiert in einer Umgebung von (s,x) eine endliche, $\mathcal{B}_{S\times K}$-freie Auflösung $\mathcal{L}.$ von $\mathcal{F}$, so daß $\mathcal{L}.(s)$ in einer Umgebung von x eine Auflösung von $\mathcal{F}(s)$ ist.

(A2) Für alle $s \in S$ ist $\mathcal{F}(s)$ K-privilegiert.

Definition. Sei S ein banachanalytischer Raum und $U \subset \mathbb{C}^n$ offen. Eine $\mathcal{O}_{S\times U}$-Modulgarbe $\mathcal{F}$ auf $S \times U$ heißt S-anaplatt, wenn für jeden Punkt $(s,x) \in S \times U$ eine endliche, freie Auflösung

$$0 \to \mathcal{L}_p \to \ldots \to \mathcal{L}_o \to \mathcal{F} \to 0$$

von $\mathcal{F}$ in einer Umgebung von (s,x) in $S \times U$ existiert, so daß

$$0 \to \mathcal{L}_p(s) \to \ldots \to \mathcal{L}_o(s) \to \mathcal{F}(s) \to 0$$

exakt ist.

Definition. Sei S ein banachanalytischer Raum, K ein Polyzalinder und $U \subset \mathbb{C}^n$ offen.

1) Ein S-anaplatter Unterraum von $S \times K$ ist ein geringter Raum $(Y,\mathcal{B}_Y)$, so daß die Fortsetzung von $\mathcal{B}_Y$ auf $S \times K$ durch 0 eine S-anaplatte Quotientengarbe von $\mathcal{B}_{S\times K}$ mit Träger Y ist.

2) Ein S-anaplatter Unterraum von $S \times U$ ist ein geringter Raum $(Y,\mathcal{O}_Y)$, so daß die Fortsetzung von $\mathcal{O}_Y$ auf $S \times U$ durch 0 eine S-anaplatte Quotientengarbe von $\mathcal{O}_{S\times U}$ mit Träger Y ist.

Sei $\underline{B}$ die Kategorie der offenen Teilmengen von Banachräumen mit den analytischen Abbildungen als Morphismen. Man kann jeden S-anaplatten Unterraum Y von $S \times K$ (bzw. $S \times U$) zu einem $\underline{B}$-strukturierten Raum machen (vgl. [64], 4.IV).

Im zweiten Fall wird Y damit zu einem banachanalytischen Raum. Ist $\ldots \to \mathcal{O}^r_{S\times U} \xrightarrow{q} \mathcal{O}_{S\times U} \to \mathcal{O}_Y \to 0$ eine Auflösung von $\mathcal{O}_Y$ wie in der Definition von S-anaplatt, so wird $(Y,\mathcal{O}_Y)$ als banachanalytischer Raum gegeben durch $q^{-1}(0)$ (q wird dabei als Morphismus $q\colon S \times U \to \mathbb{C}^r$ aufgefaßt).

<u>Definition.</u> Sei S ein banachanalytischer Raum.

1) Ein banachanalytischer Raum X über S heißt S-anaplatt, wenn zu jedem Punkt $x \in X$ eine offene Umgebung X' von x in X eine offene Teilmenge $S' \subset S$ mit $\pi(X') \subset S'$ ($\pi\colon X \to S$), eine offene Teilmenge U in einem $\mathbb{C}^n$ und ein S'-anaplatter Unterraum Y von $S' \times U$ existiert, der S'-isomorph zu X' ist.

2) Sei X ein komplexer Raum. Eine $\mathcal{O}_{S\times X}$-Modulgarbe $\mathcal{F}$ heißt S-anaplatt, wenn für jeden Punkt $x \in X$ eine offene Umgebung X' von x in X und ein Isomorphismus φ von X' auf einen abgeschlossenen Unterraum einer offenen Menge $V \subset \mathbb{C}^m$ existiert, so daß der $\mathcal{O}_{S\times V}$-Modul $(\mathrm{id}_S \times \varphi)_*\mathcal{F}$ S-anaplatt ist.

<u>Bemerkungen.</u> 1) Teil 2) in obiger Definition ist unabhängig von der Karte (vgl. [18], 8.7).

2) Ist $\mathcal{F}$ eine S-anaplatte $\mathcal{B}_{S\times K}$-Modulgarbe auf $S \times K$, so ist $\mathcal{F}|S \times \mathring{K}$ eine S-anaplatte $\mathcal{O}_{S\times \mathring{K}}$-Modulgarbe.

3) Ist $\mathcal{F}$ eine S-anaplatte $\mathcal{O}_{S\times U}$-Modulgarbe, $0 \in S$ und $K \subset U$

ein $\mathcal{F}(0)$-privilegierter Polyzylinder, so existiert eine offene Umgebung $T \subset S$ von 0, so daß für alle $s \in T$ der Polyzylinder K $\mathcal{F}(s)$-privilegiert ist (vgl. [18], 8.3 "Scholie"). Dann ist $\mathcal{B}_{T\times K} \otimes_{\mathcal{O}_{T\times K}} \mathcal{F}$ eine T-anaplatte $\mathcal{B}_{T\times K}$-Modulgarbe auf $T \times K$.

4) Ist $\mathcal{F}$ eine S-anaplatte $\mathcal{O}_{S\times U}$-Modulgarbe, so ist die Menge $\mathrm{supp}\mathcal{F}$ der Punkte $(s,x) \in S \times U$, für welche $\mathcal{F}_{s,x} \neq 0$ ist, abgeschlossen in $S \times U$ ([18], 8.3).

5) Sei $\mathcal{F}$ eine S-anaplatte $\mathcal{B}_{S\times K}$-Modulgarbe. Für alle $s \in S$ existiert dann eine Umgebung S' von s in S und eine endliche, freie Auflösung $\mathcal{L}.$ von $\mathcal{F}$ über $S' \times K$. Für jede solche Auflösung ist $\mathcal{L}.(s')$ eine Auflösung von $\mathcal{F}(s')$ und $B(K,\mathcal{L}.(s'))$ eine $B(K)$-freie, direkte Auflösung von $B(K,\mathcal{F}(s'))$ (für alle $s' \in S'$). Damit kann man ein Vektrorraumbündel $B(K,\mathcal{F})$ über S konstruieren, dessen Faser in jedem $s \in S$ gerade $B(K,\mathcal{F}(s))$ ist.

6) Ist $\varphi: T \to S$ ein Morphismus zwischen banachanalytischen Räumen und $Y \subset S \times K$ S-anaplatt, so ist φ^*Y S-anaplatt.

7) Ist $X \to S$ S-anaplatt und $\varphi: T \to S$ ein Morphismus zwischen banachanalytischen Räumen, so ist φ^*X T-anaplatt.

<u>(7.6).</u> Sei S ein banachanalytischer Raum und Z ein analytisches Faserbündel von $B(K)$-Moduln über S. Z heißt K-privilegiert, wenn für alle $s \in S$ eine Umgebung U von s in S und über U eine endliche, direkte Auflösung durch triviale Bündel

$$0 \to B(K)^{r_p}_U \to \dots \to B(K)^{r_o}_U \to Z|U \to 0$$

existiert.

Mit Hilfe der Bemerkung in (7.5) erhält man:

Satz. Die Kategorie der K-privilegierten analytischen Faserbündel über S und die Kategorie der S-anaplatten $\mathcal{B}_{S\times K}$-Moduln sind äquivalent (vgl. [64], 4. V).

(7.7) Satz. Der Funktor, der jedem banachanalytischen Raum S die Menge der S-anaplatten Unterräume von $S \times K$ zuordnet, ist darstellbar (vgl. [64], 4. VI).

Es existiert also ein banachanalytischer Raum $G(K)$ und ein $G(K)$-anaplatter Unterraum $\Gamma \subset G(K) \times K$, so daß für jeden banachanalytischen Raum S und jeden S-anaplatten Unterraum $Y \subset S \times K$ genau ein Morphismus $f: S \to G(K)$ existiert mit $Y = f^*\Gamma$.

Der Raum $G(K)$ ist der Raum der Ideale von $B(K)$, die eine endliche, direkte Auflösung besitzen. Sei A eine Banachalgebra. Für jeden Banach-A-Modul E sei $G_A(E)$ der banachanalytische Raum der direkten (im Banachraum Sinn) A-Untermoduln von E. Für Banach-A-Moduln $F_1,\ldots,F_n$ sei $G_A(F_1,\ldots,F_n)$ der banachanalytische Raum der direkt exakten, A-linearen Sequenzen $F_1 \to \ldots \to F_n$.

Satz. Der Morphismus

$$\mathrm{Im}: G_A(A^{r_n},\ldots,A^{r_o},E) \to G_A(E)$$
$$(q_n,\ldots,q_o) \mapsto \mathrm{Im}\, q_o$$

ist glatt. Man vergleiche dazu [18], 4.2. Wegen Prop. 3 aus § 4 von [18] kann man $G(K)$ mit der Menge der Quotientenalgebren von $B(K)$, die eine endliche direkte Auflösung besitzen, identifizieren.

<u>(7.8) Definition.</u> Sei $\pi: X \to S$ ein Morphismus zwischen banachanalytischen Räumen.

1) $X \to S$ heißt relativ endlichdimensional, wenn sich X lokal (über S) in $S' \times U$ ($S' \subset S$ offen, $U \subset \mathbb{C}^n$ offen) einbetten läßt.

2) $X \to S$ heißt von relativ endlicher Präsentation, wenn X lokal S-isomorph ist zu einem Modell der Form $S' \times U \to \mathbb{C}^p$ ($S' \subset S$ offen, $U \subset \mathbb{C}^n$ offen).

<u>Bemerkung.</u> Ist $X \to S$ S-anaplatt, so ist $X \to S$ von relativ endlicher Präsentation.

<u>(7.9) Satz.</u> Sei $Y \subset S \times K$ S-anaplatt und $X \to S$ von relativ endlicher Präsentation.

<u>Behauptung.</u> Der Funktor, der jedem banachanalytischen Raum T über S die Menge der T-Morphismen von Y_T nach X_T zuordnet, ist darstellbar (vgl. [64], § 5).

Es existiert also ein banachanalytischer Raum $\mathit{Mor}_S(Y,X) \xrightarrow{p} S$ und ein Morphismus $m: p^*Y \to p^*X$ über $\mathit{Mor}_S(Y,X)$, so daß für jeden banachanalytischen Raum T über S und jeden T-Morphismus $f: Y_T \to X_T$ genau ein Morphismus $h: T \to \mathit{Mor}_S(Y,X)$ existiert mit $h^*m = f$.

<u>Bemerkungen.</u> 1) Für $s \in S$ ist die Faser von $\mathit{Mor}_S(Y,X)$ in s die Menge der Morphismen von $Y(s)$ nach $X(s)$.

2) Es gilt $\mathcal{M}or_S(Y, S \times \mathbb{C}^n) = B(K, \mathcal{B}_Y)^n$, wobei $B(K, \mathcal{B}_Y)$ das dem Raum Y zugehörige Faserbündel über S ist (vgl. 7.6).

(7.10) Definition. Sei $\pi: X \to S$ ein Morphismus zwischen banachanalytischen Räumen und $x \in X$.

1) π heißt subimmersiv in x, wenn eine offene Umgebung X' von x in X und eine offene Umgebung S' von $\pi(x)$ in S mit $\pi(X') \subset S'$ existiert, so daß X' S'-isomorph zu einem Raum der Form $S_1 \times U$ ist, wobei S_1 ein Unterraum von S' und U eine offene Teilmenge eines Banachraumes ist.

2) π heißt glatt in x, wenn man in 1) $S_1 = S'$ wählen kann.

(7.11) Satz. Seien X, Y glatte banachanalytische Räume über dem banachanalytischen Raum S. Sei $f: X \to Y$ ein S-Morphismus und seien $x \in X, y \in Y$ mit $f(x) = y$.

Behauptung. 1) Ist $T_S f(x): T_S X(x) \to T_S Y(y)$ ein Isomorphismus, so ist auch f ein Isomorphismus (nahe x).

2) Sei $\sigma: S \to Y$ ein Schnitt mit $\sigma(p(x)) = y$, $(p: X \to S)$ und $T_S f(x)$ ein direkter Epimorphismus. Dann ist $\mathrm{Ker}(f, \sigma \circ p)$ glatt über S.

(7.12). Sei S ein banachanalytischer Raum und seien X, Y banachanalytische Räume über S. Ein S-Morphismus $f: X \to Y$ heißt S-kompakt in $x \in X$, wenn banachanalytische Mannigfaltigkeiten U, V, Einbettungen $X \hookrightarrow S \times U$ und $Y \hookrightarrow S \times V$, sowie ein S-Morphismus $\tilde{f}: S \times U \to S \times V$, der f fortsetzt, existieren, so daß $T_S \tilde{f}(x)$ kompakt ist.

<u>Satz.</u> Sei $X \to S$ ein Morphismus zwischen banachanalytischen Räumen.

<u>Behauptung.</u> Ist id_X S-kompakt in $x \in X$, so ist X relativ endlichdimensional in einer Umgebung von x.

<u>Beweis.</u> Siehe [21] VII. 5.

<u>(7.13) Definition.</u> Eine Abbildung $f: X \to Y$ zwischen topologischen Räumen heißt eigentlich, falls f stetig ist und falls für jeden topologischen Raum Z die Abbildung $f \times id_Z: X \times Z \to Y \times Z$ abgeschlossen ist.

<u>Bemerkungen.</u> Sei $f: X \to Y$ eine stetige Abbildung zwischen topologischen Räumen.

1) f ist genau dann eigentlich, wenn f abgeschlossen ist und $f^{-1}(y)$ für jedes $y \in Y$ quasikompakt ist.

2) Ist X hausdorffsch und Y lokal kompakt, so ist f genau dann eigentlich, wenn das Urbild jeder kompakten Menge kompakt ist.

Man vergleiche dazu [5] I. 10.

<u>Bemerkung.</u> Ist $Y \subset S \times K$ S-anaplatt, so liegt Y eigentlich über S.

<u>Satz.</u> Seien $f: X \to Y$, $\varphi: Z \to Y$ stetige Abbildungen zwischen topologischen Räumen. Dabei sei Y hausdorffsch.

<u>Behauptung.</u> Ist f eigentlich, so ist auch $Z \times_Y X \to Z$ eigentlich.

Beweis. Man betrachte das Diagramm

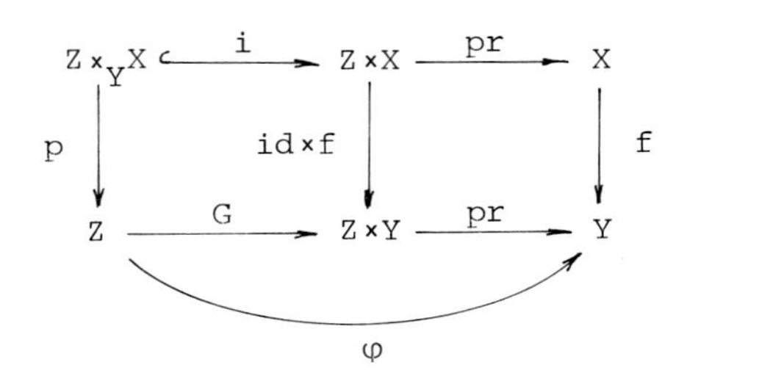

,

wobei G definiert sei durch $G(z) := (z, \varphi(z))$.
Da Y hausdorffsch ist, ist $G(Z)$ abgeschlossen in $Z \times Y$.
Daraus folgt: $Z \times_Y X = (id \times f)^{-1}(G(Z))$ ist abgeschlossen in $Z \times X$. Also ist i abgeschlossen. Da f kompakt ist, ist $(id \times f)$ und damit auch $G \circ p = (id \times f) \circ i$ abgeschlossen. Da G injektiv ist, ist auch p abgeschlossen und die Behauptung folgt mit obiger Bemerkung.

(7.14) Satz. Sei $p: E \to S$ eine stetige Abbildung zwischen topologischen Räumen und seien A, B zwei Teilmengen von E. Es gelte:

1) $p|A$ ist eigentlich.

2) $B \subset E$ ist offen.

Behauptung. Die Menge aller $s \in S$ mit $A(s) \subset B(s)$ ist offen.

Beweis. Sei $0 \in S$ mit $A(0) \subset B(0)$. Da $p|A$ eigentlich und $A \setminus B$ abgeschlossen in A ist, ist $p(A \setminus B)$ abgeschlossen in S. Da $0 \notin p(A \setminus B)$ ist, sind also auch alle $s \in S$ nahe bei 0 nicht in $p(A \setminus B)$ enthalten. Daraus folgt $(A \setminus B)(s) = \emptyset$, d.h. $A(s) \subset B(s)$ für alle $s \in S$ nahe bei 0.

<u>(7.15) Satz.</u> Sei K ein Polyzylinder, S ein banachanalytischer Raum, $Y \subset S \times K$ S-anaplatt und $X \to S$ von relativ endlicher Präsentation. Sei $X' \subset X$ offen.

<u>Behauptung.</u> Die Menge aller $(s,f) \in \mathcal{M}or_S(Y,X)$ mit $f(Y(s)) \subset X'$ ist offen in $\mathcal{M}or_S(Y,X)$.

<u>Beweis.</u> Sei $M := \mathcal{M}or_S(Y,X)$ und $(s,f) \in M$ mit $f(Y(s) \subset X'$.
Sei $E := A := Y_M$ und $B := \{y \in Y_M \mid f(y) \in X'\}$.

Da Y_M eigentlich über M, B offen und die Faser von A über (s,f) (dies ist gerade $Y(s)$) in der Faser von B über (s,f) enthalten ist, folgt die Behauptung mit (7.14).

§ 8 Anhang 2 (Banachanalytische Räume)

In diesem Anhang soll eine kurze Einführung in die Theorie der banachanalytischen Räume gegeben werden. Diese wurden von A. Douady in [16] bzw. [18] als Hilfsmittel zur Lösung von Modulproblemen eingeführt.

(8.1) Analytische Abbildungen und banachanalytische Mannigfaltigkeiten (man vergleiche hierzu [6], [18] oder [49]).

Definition. Seien E, F Banachräume und $U \subset E$ offen.

1) Eine Abbildung $f: E \to F$ heißt polynomial homogen vom Grade n, wenn eine n-lineare Abbildung $u: E^n \to F$ existiert, so daß $f(x) = u(x,\ldots,x)$ ist für alle $x \in E$.

2) Eine Abbildung $f: U \to F$ heißt analytisch in $a \in U$, wenn eine Folge

$$f_n: E \to F$$

stetiger, polynomial homogener Abbildungen vom Grad n und eine reelle Zahl $r > 0$ existieren, so daß gilt:

i) $\Sigma \| f_n \| \cdot r^n < \infty$ ($\| \ \|$ Operatornorm).

ii) $f(a+x) = \Sigma f_n(x)$ für kleine x.

Bemerkung. Eine Abbildung ist genau dann analytisch, wenn sie $\mathbb{C}$-differenzierbar ist.

Satz. Eine lokal beschränkte Abbildung $f: U \to F$ ist genau dann analytisch, wenn für jede komplexe Gerade $D \subset E$ und jedes $\nu \in F'$ die Abbildung $\nu \circ f|D \cap U$ holomorph ist.

Beweis. Vgl. [18], §1, Prop. 2.

Der Begriff der banachanalytischen Mannigfaltigkeit und der Begriff der analytischen Abbildung zwischen banachanalytischen Mannigfaltigkeiten wird wie im endlichdimensionalen Fall definiert.

Definition. 1) Ein abgeschlossener Untervektorraum H eines Banachraumes E heißt direkt, wenn ein weiterer abgeschlossener Untervektorraum G von E existiert, so daß $E = F \oplus G$ ist.

2) Eine stetige lineare Abbildung zwischen Banachräumen heißt direkt, wenn ihr Kern und ihr Bild direkt sind.

3) Eine Teilmenge $N \subset M$ einer banachanalytischen Mannigfaltigkeit heißt Untermannigfaltigkeit (bzw. direkte Untermannigfaltigkeit), wenn zu jedem Punkt $y \in N$ eine Karte $\varphi: U \to U'$ von M existiert, so daß gilt:

i) $\varphi(y) = 0$.

ii) Es existiert ein abgeschlossener (bzw. direkter) Untervektorraum F des Banachraumes in dem U' enthalten ist, so daß

$$\varphi(U \cap N) = F \cap U'$$

ist.

<u>Beispiel (Graßmannsche Mannigfaltigkeit).</u> Sei $G(E)$ die Menge der direkten Unterräume des Banachraumes E. Seien $F,G \in G(E)$ mit $F \oplus G = E$ und

$$U_G := \{H \in G(E) \mid G \oplus H = E\}\ .$$

Für $H \in U_G$ sei $i_H\colon H \hookrightarrow E$ die Inklusion und $p_{H,G}\colon E \to G$ die Projektion von E auf G mit Kern H. Durch

$$\varphi_G\colon U_G \to L(F,G)$$
$$H \mapsto -p_{H,G} \circ i_F$$

wird eine bijektive Abbildung definiert. Dabei wird einem Unterraum $H \in U_G$ diejenige lineare Abbildung zugeordnet, welche H als Graphen besitzt. Auf $G(E)$ existiert eine eindeutig bestimmte Topologie, die alle $\varphi_G\colon U_G \to L(F,G)$ zu Homöomorphismen macht. Durch die $\varphi_G\colon U_G \to L(F,G)$ wird ein Atlas von $G(E)$ definiert. Auf diese Weise wird $G(E)$ zu einer banachanalytischen Mannigfaltigkeit. Man vergleiche dazu [18].

Ebenso wie im endlichdimensionalen Fall gilt der lokale Umkehrsatz (zur Definition des Tangentialraumes bzw. der Tangentialabbildung vergleiche man [6], [18] oder [49]. Mit Hilfe des lokalen Umkehrsatzes kann man den folgenden Satz beweisen.

<u>Satz.</u> Sei $f\colon M \to N$ eine analytische Abbildung zwischen banachanalytischen Mannigfaltigkeiten und $x \in M$.

i) Ist $T_x f$ ein direkter Monomorphismus, so ist f eine direkte Immersion in x, d.h. M ist (lokal) isomorph zu einer direkten Untermannigfaltigkeit von N.

ii) Ist $T_x f$ ein direkter Epimorphismus, so ist f eine direkte Submersion in x, d.h. $f^{-1}(f(x))$ ist nahe x eine direkte Untermannigfaltigkeit von M.

(8.2) $\underline{K}$-strukturierte Räume. Ein komplexer Raum ist ein $\mathbb{C}$-algebrierter Raum $(X,\mathcal{O}_X)$, der lokal isomorph ist zu einem Modell. Durch $\mathcal{O}_X$ werden nicht nur die Morphismen nach $\mathbb{C}$ bestimmt, sondern auch die nach $\mathbb{C}^n$ (es gilt $\mathrm{Mor}(X,\mathbb{C}^n) \simeq \Gamma(X,\mathcal{O}_X^n)$). Im unendlichdimensionalen Fall reicht jedoch die Kenntnis über die Morphismen nach $\mathbb{C}$ nicht mehr aus, um auch die Morphismen in einem beliebigen Banachraum festzulegen. Man muß sich vielmehr für jede offene Teilmenge U eines Banachraumes eine Garbe $\mathcal{O}_X(U)$ vorgeben, so daß für jede offene Teilmenge $V \subset X$ gilt $\mathrm{Mor}(V,U) \simeq \Gamma(V,\mathcal{O}_X(U))$. Man vergleiche dazu Beispiel (8.13).

Mit $\underline{B}$ werde im folgenden die Kategorie der offenen Teilmengen von Banachräumen mit den analytischen Abbildungen als Morphismen bezeichnet. Ist X ein topologischer Raum, so sei $\underline{C}_X$ die Kategorie der mengenwertigen Garben auf X.

Sei M eine banachanalytische Mannigfaltigkeit. Für $V \in \underline{B}$ sei $\mathcal{H}_M(V)$ die zur Prägarbe

$$U \mapsto \mathcal{H}(U,V) := \{f\colon U \to V \ \text{analytisch}\},\ U \subset M \ \text{offen}$$

zugeordnete Garbe. Man erhält so einen kovarianten Funktor

$$\mathcal{H}_M: \underline{B} \to \underline{C}_M .$$

Definition. i) Sei $\underline{K}$ eine Kategorie, X ein topologischer Raum und $\mathcal{O}_X: \underline{K} \to \underline{C}_X$ ein kovarianter Funktor. Dann heißt das Paar $(X,\mathcal{O}_X)$ ein $\underline{K}$-strukturierter Raum.

ii) Seien $(X,\mathcal{O}_X)$ und $(Y,\mathcal{O}_Y)$ $\underline{K}$-strukturierte Räume. Ein Morphismus $f: (X,\mathcal{O}_X) \to (Y,\mathcal{O}_Y)$ ist ein Paar (f_o,f_1), wobei $f_o: X \to Y$ stetig und $f_1: \mathcal{O}_Y \to f_{o*}\mathcal{O}_X$ ein funktorieller Morphismus ist. Dabei ist der Funktor

$$f_{o*}\mathcal{O}_X: \underline{K} \to \underline{C}_Y$$

definiert durch

$$(f_{o*}\mathcal{O}_X)(V):=f_{o*}(\mathcal{O}_X(V)), \text{ für } V\in Ob(\underline{K})$$

$$(f_{o*}\mathcal{O}_X)(\varphi):=f_{o*}(\mathcal{O}_X(\varphi)), \text{ für } \varphi\in Mor(\underline{K}).$$

Bemerkung. Da f_{o*} und $(f_o)^{-1}$ adjungiert sind, kann man in obiger Definition auch fordern, daß $f_1: (f_o)^{-1}\mathcal{O}_Y \to \mathcal{O}_X$ ein funktorieller Morphismus ist.

(8.3) lokale Modelle. Für $V \in Ob(\underline{B})$ ist $(V,\mathcal{H}_V)$ ein $\underline{B}$-strukturierter Raum. Eine banachanalytische Mannigfaltigkeit ist ein $\underline{B}$-strukturierter Raum, der lokal isomorph ist zu einem solchen "Modell".

Definition. Seien E,F,G Banachräume, $U \subset E$ offen, $f: U \to F$ analytisch und sei $X: = f^{-1}(0)$. Für eine offene

Menge $U' \subset U$ sei $\mathcal{N}(f|U',G)$ das Bild der Abbildung

$$\mathcal{H}(U',L(F,G)) \to \mathcal{H}(U',G)$$
$$\lambda \mapsto \lambda \cdot (f|U') \ .$$

Dabei ist $\lambda \cdot f$ definiert durch $(\lambda \cdot f)(x) := \lambda(x)(f(x))$ für $x \in U'$.

Bemerkung. Sei $F := \mathbb{C}^p$, $f = (f_1,\ldots,f_p)$ und $G := \mathbb{C}$. Wegen $L(F,G) \simeq \mathbb{C}^p$ ist $\mathcal{N}(f|U',G)$ gerade das von $f_1|U',\ldots,f_p|U'$ in $\mathcal{H}(U',\mathbb{C})$ erzeugte Ideal.

Seien jetzt F und G wieder beliebig. Mit $\Psi_U(G)$ wird die der Prägarbe

$$U' \mapsto \mathcal{H}(U',G)/\mathcal{N}(f|U',G) \ , \ U' \subset U \text{ offen,}$$

zugeordnete Garbe von Vektorräumen auf U bezeichnet. Man überlegt sich leicht, daß

$$X = \operatorname{supp} \Psi_U(G)$$

ist (vgl. [53]).

Bezeichnungen. a) $\mathcal{O}_X(G) := \Psi_U(G)|X$. Dies ist eine Garbe von Vektorräumen auf X .

b) Für eine offene Menge $V \subset X$ sei

$$\theta_V\colon \Gamma(V,\mathcal{O}_X(G)) \to C(V,G)$$

der Auswertungsmorphismus. $C(V,G)$ bezeichne dabei den Vektorraum der stetigen Abbildungen $V \to G$.

c) Für eine offene Menge $W \subset G$ sei $\mathcal{O}_X(W)$ die durch

$$V \mapsto \{\sigma\in\Gamma(V,\mathcal{O}_X(G)) \mid \operatorname{Im}\theta_V(\sigma)\subset W\},\quad V\subset X \text{ offen}$$

definierte Garbe von Mengen auf X .

Sei $\varphi\colon W \to W'$ ein Morphismus in $\underline{B}$. Sei $V \subset X$ offen und $\sigma \in \Gamma(V,\mathcal{O}_X(W))$. Jeder Punkt $x \in V$ besitzt eine offene Umgebung $U_x \subset U$, in der $\sigma|U_x \cap X$ einen Repräsentanten $\gamma_x \in \mathcal{H}(U_x,W)$ besitzt. Sei

$$\tau_x(\sigma) := \text{Klasse von } \varphi\circ\gamma_x \text{ in } \Gamma(U_x\cap X,\mathcal{O}_X(W'))\,.$$

Damit gilt:

1) $\tau_x(\sigma)$ ist unabhängig von der Wahl des Repräsentanten γ_x.

2) Für alle $x,y \in V$ gilt $\tau_x(\sigma) = \tau_y(\sigma)$ auf $U_x \cap U_y \cap X$.

Man vergleiche dazu [18], §3 und [73], 12.6).

Jetzt wird $\mathcal{O}_X(\varphi)(\sigma) \in \Gamma(V,\mathcal{O}_X(W'))$ definiert durch

$$\mathcal{O}_X(\varphi)(\sigma)\,|\,U_x\cap X := \tau_x(\sigma)\ .$$

Im folgenden wird $\mathcal{O}_X(\varphi)(\sigma)$ häufig mit $\varphi\circ\sigma$ bezeichnet. Man erhält jetzt einen Garbenmorphismus

$$\mathcal{O}_X(\varphi)\colon\mathcal{O}_X(W) \to \mathcal{O}_X(W')$$

und damit einen Funktor

$$\mathcal{O}_X\colon \underline{B} \to \underline{C}_X\ .$$

<u>Definition.</u> Das Paar $(X,\mathcal{O}_X)$ heißt Modell eines banachanalytischen Raumes und wird mit $\mu(U,F,f)$ bezeichnet.

<u>(8.4) Definition.</u> Ein banachanalytischer Raum ist ein $\underline{B}$-strukturierter Raum der lokal isomorph ist zu einem Modell.

<u>Bemerkungen.</u> 1) Die komplexen Räume bilden eine volle Unterkategorie der banachanalytischen Räume.

2) Ist $(X,\mathcal{O}_X)$ ein banachanalytischer Raum, so ist $\mathcal{O}_X(\mathbb{C})$ eine Garbe von $\mathbb{C}$-Algebren. Für jeden Banachraum G ist $\mathcal{O}_X(G)$ eine Garbe von Vektorräumen. Ist $h = (h_o,h_1) : (X,\mathcal{O}_X) \to (Y,\mathcal{O}_Y)$ ein Morphismus zwischen banachanalytischen Räumen, so ist $h_1(G)\colon \mathcal{O}_Y(G) \to h_{o*}\mathcal{O}_X(G)$ ein Morphismus zwischen Garben von Vektorräumen. $h_1(\mathbb{C})$ ist ein Morphismus zwischen Garben von $\mathbb{C}$-Algebren. Falls keine Mißverständnisse zu befürchten sind wird ein banachanalytischer Raum $(X,\mathcal{O}_X)$ kurz mit X bezeichnet. Wie üblich wird der Begriff des Raumkeimes eingeführt. Der ausgezeichnete Punkt wird meist mit 0 bezeichnet.

<u>(8.5) Definition (Unterraum).</u> Ein Unterraum eines banachanalytischen Raumes $(X,\mathcal{O}_X)$ ist ein banachanalytischer Raum $(Y,\mathcal{O}_Y)$, so daß ein Morphismus

$$j = (j_o,j_1)\colon(Y,\mathcal{O}_Y) \to (X,\mathcal{O}_X)$$

existiert mit:

1) $Y \subset X$ und $j_o\colon Y \hookrightarrow X$ ist die Inklusion.

2) Für alle $W \in \underline{B}$ ist

$$j_1(W)\colon (j_o)^{-1}\mathcal{O}_X(W) \twoheadrightarrow \mathcal{O}_Y(W)$$

ein Epimorphismus.

(8.6) Bemerkungen. 1) $\mu(U,F,f)$ ist ein Unterraum von $(U,\mathcal{H}_U)$.

2) $\mu(U,G,g)$ ist genau dann Unterraum von $\mu(U,F,f)$, wenn für alle $x_o \in U$ gilt

$$f_{x_o} \in \mathcal{N}_{x_o}(g,F) .$$

Für einen Beweis von 2) vergleiche man [73], (3.11).

(8.7) Beispiel (Raum der direkten A-Untermoduln).

Sei A eine Banachalgebra mit 1 und E ein A-Banachmodul. Sei

$$G_A(E):=\{G\in G(E) \mid G \text{ ist A-Untermodul von } E\} .$$

Auf $G_A(E)$ soll jetzt die Struktur eines banachanalytischen Unterraums von $G(E)$ eingeführt werden. Die Bezeichnungen seien wie in (8.1) beim Beispiel der Graßmannschen Mannigfaltigkeiten gewählt. Für $G \in G(E)$, $G \oplus F = E$, sei

$$f: L(F,G) \to L(A\times F,G)$$
$$\lambda \mapsto ((a,x)\mapsto p_{H,G}(a\cdot(i_F(x)+i_G\circ\lambda(x)))) ,$$

wobei $H:= \varphi_G^{-1}(\lambda)$, d.h. Graph $(\lambda) = H$ ist.

Es gilt genau dann $f(\lambda) = 0$, wenn Graph (λ) ein A-Untermodul von E ist. Sei

$$g: U_G \to L(A\times F,G) \quad , \quad g:= f\circ\varphi_g .$$

Dann ist $g^{-1}(0) = G_A(E) \cap U_G$.

Auf diese Weise kann man $G_A(E)$ mit der Struktur eines banachanalytischen Raumes versehen, welcher Unterraum von $G(E)$ ist.

Diese Räume spielen im Hauptteil der vorliegenden Arbeit eine wichtige Rolle (vgl. (7.7)).

<u>(8.8) Satz.</u> Sei $(X,\mathcal{O}_X)$ ein banachanalytischer Raum, $W \in \underline{B}$ und $\mathrm{Mor}(X,W)$ die Menge der Morphismen $g\colon (X,\mathcal{O}_X) \to (W,\mathcal{H}_W)$. Dann gilt

$$\mathrm{Mor}\,(X,W) \simeq \Gamma(X,\mathcal{O}_X(W)).$$

<u>Beweis.</u> i) Definition einer Abbildung

$$\Psi\colon \mathrm{Mor}\,(X,W) \to \Gamma(X,\mathcal{O}_X(W)).$$

Sei $g = (g_o,g_1) \in \mathrm{Mor}(X,W)$. Insbesondere hat man also einen Garbenmorphismus

$$g_1(W)\colon \mathcal{H}_W(W) \to g_{o*}\mathcal{O}_X(W) .$$

Sei $\Psi(g) := \Gamma(W,g_1(W))(\mathrm{id}_W) \in \Gamma(W,g_{o*}\mathcal{O}_X(W)) = \Gamma(X,\mathcal{O}_X(W))$.

ii) Definition einer Abbildung

$$\phi\colon\Gamma(X,\mathcal{O}_X(W)) \to \mathrm{Mor}(X,W).$$

Sei $\sigma \in \Gamma(X,\mathcal{O}_X(W))$. Gesucht ist ein Morphismus $h = (h_o,h_1) \in \mathrm{Mor}(X,W)$. Sei $h_o := \theta_X(\sigma)$. Für $W' \in B$ wird

$$h_1(W')\colon\mathcal{H}_W(W') \to h_{o*}\mathcal{O}_X(W')$$

definiert durch

$$\Gamma(V,h_1(W'))(\varphi) := \varphi \circ (\sigma|h_o^{-1}(V)) \quad , \quad V \subset W \text{ offen.}$$

Sei jetzt $\phi(\sigma) := (h_o,h_1)$.

Die Abbildungen ϕ,Ψ sind, wie man sich leicht überlegt, invers zueinander (vgl. [73], (3.14)).

(8.9) Satz (Douady, [20]). Jeder kompakte metrische Raum ist homöomorph zu einem banachanalytischen Raum (d.h. zu dessen zugrundeliegendem topologischen Raum).

Die topologische Struktur eines banachanalytischen Raumes kann also ziemlich pathologisch sein.

(8.10) Satz. Sei $(X,\mathcal{O}_X) = \mu(U,F,f)$ ein Modell und $i: (X,\mathcal{O}_X) \hookrightarrow (U,\mathcal{H}_U)$ die Inklusion. Für jeden banachanalytischen Raum $(Y,\mathcal{O}_Y)$ wird durch

$$\begin{aligned} \mathrm{Mor}(Y,X) &\to \{u \in \mathrm{Mor}(Y,U) \mid f \circ u = 0\} \\ g &\mapsto i \circ g \end{aligned}$$

ein Isomorphismus gegeben.

Beweis. Siehe [73], (3.16) oder [53].

Mit Hilfe dieses Satzes und (8.8) kann man auf einfache Weise Morphismen zwischen banachanalytischen Raumkeimen charakterisieren. Sei $h: (Y,y_0) \to (X,x_0)$ ein Morphismus. Ohne Einschränkung seien $(X,\mathcal{O}_X) = \mu(U,F,f)$ und $(Y,\mathcal{O}_Y) = \mu(V,G,g)$ Modelle. Vermöge der Isomorphismen aus obigem Satz bzw. aus (8.8) kann man h repräsentieren durch einen Morphismus $(V,y_0) \to (U,x_0)$. Dieser ist modulo $\mathcal{N}_{y_0}(g,E)$ eindeutig bestimmt, wobei E den Banachraum bezeichne, in welchem U enthalten ist. Umgekehrt wird durch einen Morphismus $h: (V,y_0) \to (U,x_0)$ genau dann ein Morphismus

$(Y,y_o) \to (X,x_o)$ gegeben, wenn $f_{x_o} \circ h \in \mathcal{N}_{y_o}(g,F)$ ist.

(8.11) Definition. a) Ein Modell $\mu(U,F,f)$ heißt glatt, wenn $f \equiv 0$ ist.

b) Ein banachanalytischer Raum heißt glatt, wenn er lokal isomorph ist zu einem glatten Modell.

Bemerkungen. 1) Ist $(X,\mathcal{O}_X) = \mu(U,F,f)$ ein glattes Modell, so gilt $X = U$ und $\mathcal{O}_X = \mathcal{H}_U$.

2) Die glatten banachanalytischen Räume sind genau die banachanalytischen Mannigfaltigkeiten.

(8.12) Satz. Sei $(X,\mathcal{O}_X) = \mu(E,F,f)$ mit $f \in L(E,F)$.

Behauptung. Der banachanalytische Raum $(X,\mathcal{O}_X)$ ist genau dann glatt, wenn f direkt ist.

Beweis. Vgl. [73], (3.19) oder [21].

(8.13) Beispiel (eines banachanalytischen Raumes $(X,\mathcal{O}_X)$, dessen Struktur nicht durch $\mathcal{O}_X(\mathbb{C})$ bestimmt ist). Sei l^∞ der Banachraum der beschränkten Folgen in $\mathbb{C}$, versehen mit der Supremumsnorm und $c_o \subset l^\infty$ der Banachraum der Nullfolgen. Es gilt

1) $c_o \subset l^\infty$ ist nicht direkt (vgl. [45], §31).
2) Es existiert eine injektive und normerhaltende lineare Abbildung $\alpha\colon (c_o)' \hookrightarrow (l^\infty)'$, die mit der Beschränkung

$\rho: (l^\infty)' \to (c_o)'$ verträglich ist, d.h. es gilt $\rho \circ \alpha = \mathrm{id}$ (vgl. [45], §14, §31).

Sei $(X, \mathcal{O}_X) := (\{0\}, \mathcal{H}_{\{0\}})$ und $(Y, \mathcal{O}_Y) := \mu(c_o, l^\infty, i)$, wobei $i: c_o \hookrightarrow l^\infty$ die Inklusion ist.

Behauptung. Es gilt

a) $X = Y = \{0\}$

b) $\mathcal{O}_X(\mathbb{C}) = \mathcal{O}_Y(\mathbb{C})$

c) $\mathcal{O}_X \neq \mathcal{O}_Y$.

Beweis. a) ist klar.

b) Die Beschränkung $r: \mathcal{O}_Y(\mathbb{C}) \to \mathcal{O}_X(\mathbb{C})$ ist trivialerweise surjektiv. Sei $f \in \mathcal{O}_{Y,0}(\mathbb{C})$ mit $f(0) = 0$ und $g \in \mathcal{H}_{c_o,0}(\mathbb{C})$ ein Repräsentant von f . Dann gilt

$$g(x) = \int_0^1 Dg(tx)dt \cdot x = \lambda(x) \cdot x \quad , \quad x \in c_o \; ,$$

wobei $\lambda \in \mathcal{H}_{c_o,0}(L(c_o(\mathbb{C})))$, $\lambda(x) := \int_0^1 Dg(tx)dt$ ist.
Mit 2) folgt, daß r auch injektiv ist (vgl. (8.3)).

c) Dies folgt mit 1) aus (8.12).

Ein anderes Beispiel erhält man durch $(X, \mathcal{O}_X) := (c_o, \mathcal{H}_{c_o})$ und $(Y, \mathcal{O}_Y) := \mu((l^\infty, l^\infty/c_o, p)$, wobei $p: l^\infty \to l^\infty/c_o$ die Projektion ist (vgl. [53]).

(8.14) Satz. Sei N eine Untermannigfaltigkeit einer (banach-analytischen) Mannigfaltigkeit M . Dann ist $(N, \mathcal{H}_N)$ genau dann

Unterraum von $(M,\mathcal{H}_M)$, wenn N eine direkte Untermannigfaltigkeit ist.

<u>Beweis.</u> Da die Aussage lokaler Natur ist, kann man ohne Einschränkung annehmen, daß M ein Banachraum und N ein abgeschlossener Untervektorraum ist.
Ist $(N,\mathcal{H}_N)$ ein Unterraum von $(M,\mathcal{H}_M)$, so ist für jedes $x_o \in N$ die Restriktion

$$\mathcal{H}_{M,x_o}(N) \twoheadrightarrow \mathcal{H}_{N,x_o}(N)$$

surjektiv. Daher existiert ein $\varphi \in \mathcal{H}_{M,x_o}(N)$ mit $\varphi|N=id_N$. Sei $\varphi = \sum_{n=o}^{\infty} \varphi_n$ die Entwicklung von φ nach homogenen Polynomen. Aus Homogenitätsgründen folgt $\varphi_1|N = id_N$. Daher ist $\varphi_1 \in L(M,N)$ eine stetige Projektion.

Sei umgekehrt $M = L \oplus N$ eine direkte Zerlegung und $\pi: M \to L$ die zugehörige Projektion. Nach (8.12) gilt $\mu(M,1,\pi) = (N,\mathcal{H}_N)$. Mit (8.6), 1) folgt die Behauptung.

<u>(8.15) Satz.</u> In der Kategorie der banachanalytischen Räume existieren endliche Produkte.

<u>Beweis.</u> <u>a) Glatte Modelle.</u> Seien U,V zwei glatte Modelle und $(X,\mathcal{O}_X)$ ein beliebiger banachanalytischer Raum. Aus

$$\begin{aligned} &\mathrm{Mor}(X,U\times V)\simeq\Gamma(X,\mathcal{O}_X(U\times V))\simeq\Gamma(X,\mathcal{O}_X(U))\times\Gamma(X,\mathcal{O}_X(V)) \simeq \\ &\simeq \mathrm{Mor}(X,U) \times \mathrm{Mor}(X,V) \end{aligned}$$

folgt, daß $U \times V$ das Produkt der beiden Modelle ist.

b) Modelle. Seien $\mu(U,F,f)$, $\mu(V,G,g)$ Modelle und $(X,\mathcal{O}_X)$ ein beliebiger banachanalytischer Raum. Aus

$$\begin{aligned}
&\mathrm{Mor}(X,\mu(U\times V,F\times G,f\times g)) = \\
&= \{\varphi\in\mathrm{Mor}(X,U\times V)\mid(f\times g)\circ\varphi = 0\} = \\
&= \{(\varphi_1,\varphi_2)\in\mathrm{Mor}(X,U)\times\mathrm{Mor}(X,V)\mid f\circ\varphi_1=g\circ\varphi_2 = 0\} = \\
&= \mathrm{Mor}(X,\mu(U,F,f)) \times \mathrm{Mor}(X,\mu(V,G,g))
\end{aligned}$$

folgt, daß $\mu(U\times V, F\times G, f\times g)$ das Produkt von $\mu(U,F,f)$ und $\mu(V,G,g)$ ist.

c) allgemeiner Fall. Das Produkt zweier beliebiger banachanalytischer Räume erhält man durch Verkleben der "lokalen Produkte".

(8.16) Satz. In der Kategorie der banachanalytischen Räume existieren Kerne von Doppelpfeilen.

Beweis. Wie im letzten Satz genügt es den Fall zweier Modelle $X = \mu(U,F,f)$, $Y = \mu(V,H,g)$ und Morphismen $u,v\colon X \rightrightarrows Y$ zu betrachten. Man kann ohne Einschränkung annehmen, daß u,v Beschränkung zweier Morphismen $u_1,v_1\colon U \to G$ sind, wobei G der Banachraum ist, in dem V enthalten ist. Dann gilt

$$\mathrm{Ker}(u,v) = \mu(U,F \times G , f \times (u_1-v_1)) .$$

(8.17) Folgerung. In der Kategorie der banachanalytischen Räume existieren Faserprodukte und endliche projektive Limiten.

<u>(8.18) Definition (Faser).</u> Sei $h\colon (X,\mathcal{O}_X) \to (Y,\mathcal{O}_Y)$ ein Morphismus zwischen banachanalytischen Räumen und $y \in Y$. Dann heißt

$$X(y) := h^{-1}(y) := (X\times_Y\{y\}\ ,\ \mathcal{O}_{X\times_Y\{y\}})$$

die Faser von h über y. (Faserprodukte über h und $(\{y\},\mathbb{C}) \hookrightarrow (Y,\mathcal{O}_Y)$) .

<u>Beispiele.</u> 1) Es gilt $\mu(U,F,f) = f^{-1}(0)$.

2) Ein Unterraum von $(X,\mathcal{O}_X)$ ist lokal von der Form $h^{-1}(0)$, wobei h ein Morphismus von einem offenen Unterraum von $(X,\mathcal{O}_X)$ in einen Banachraum ist.

Wie üblich wird auch der Durchschnitt zweier Unterräume definiert. (Als Faserprodukt über den Inklusionen).

<u>(8.19). Definition (Tangentialraum).</u> Für die Definition des Tangentialraumes bzw. der Tangentialabbildung im glatten Fall vergleiche man [6] , [18] oder [49] . Ist $(X,\mathcal{O}_X) = \mu(U,F,f)$ ein Modell, so wird gesetzt

$$TX := (Tf)^{-1}(0)\ .$$

Dies ist dasselbe, wie der Kern des Doppelpfeiles $(Tf,T0)\colon TU \rightrightarrows TF$. Ist $(X,\mathcal{O}_X)$ ein beliebiger banachanalytischer Raum, so wählt man zunächst eine offene Überdeckung $(X_i)_{i\in I}$, von X , so daß die X_i isomorph zu lokalen Modellen $(Y_i,\mathcal{O}_{Y_i}) = \mu(U_i,F_i,f_i)$ sind. Die TY_i lassen sich verkleben zu einem banachanalytischen Raum TX über X .

Ist $f: X \to Y$ ein Morphismus zwischen banachanalytischen Räumen, so erhält man auf natürliche Weise einen Morphismus $Tf: TX \to TY$ über f.

Definition (relativer Tangentialraum). Sei $\pi: X \to S$ ein Morphismus zwischen banachanalytischen Räumen, $p: TS \to S$ der natürliche Morphismus und $\sigma_o: S \to TS$ der Nullschnitt. Dann wird definiert

$$T_S X := \operatorname{Ker}(T\pi, \sigma_o \circ p \circ T\pi) \ ,$$

d.h. $T_S X$ ist das Urbild des Nullschnittes unter $T\pi$.

Bemerkungen. 1) Im Falle von banachanalytischen Mannigfaltigkeiten erhält man das übliche Tangentialbündel.
2) Ist $(X, \mathcal{O}_X) = \mu(U,F,f)$ und $x_o \in X$, so ist $T_{x_o} X = (Df(x_o))^{-1}(0)$. Dies stimmt genau dann mit dem Banachraum $\operatorname{Ker}(Df(x_o))$ überein, wenn $Df(x_o)$ direkt ist (vgl. (8.12)).
3) Sei $(D, \mathcal{O}_D) := \mu(\mathbb{C}, \mathbb{C}, x^2)$ der Doppelpunkt und $X \to S$ ein Morphismus zwischen banachanalytischen Räumen. Für jeden banachanalytischen Raum T über S hat man einen Isomorphismus von der Menge der S-Morphismen $T \to T_S X$ auf die Menge der S-Morphismen $T \times D \to X$. Dieser Isomorphismus ist natürlich in T. Falls unter diesem Isomorphismus $f: T \to T_S X$ in $\tilde{f}: T \times D \to X$ übergeht, so gilt $\tilde{f}|T = p \circ f$, wobei $p: T_S X \to X$ die Projektion ist.

(8.20) Beispiele. Komplexe Raumkeime lassen sich immer in ihren Tangentialraum einbetten. Die folgenden Beispiele zeigen, daß dies im Falle von banachanalytischen Raumkeimen im allgemeinen falsch ist.

a) Sei E ein abgeschlossener, jedoch nicht direkter Untervektorraum eines Banachraumes F (z.B. $E = c_0$, $F = l^\infty$; vgl. Beispiel (8.13)). Sei $i: E \hookrightarrow F$ die Inklusion und $(X, \mathcal{O}_X) = \mu(E,F,i)$. Da i nicht direkt ist, ist $(X, \mathcal{O}_X) \neq (\{0\}, \mathcal{H}_{\{0\}})$. Also läßt sich der Raumkeim $(X,0)$ nicht in $\operatorname{Ker} Di(0) = (\{0\}, \mathcal{H}_{\{0\}})$ einbetten (vgl. (8.12)).

Hier ist allerdings $i = Di(0)$, d.h. $(X,0)$ läßt sich in $T_0X = i^{-1}(0)$ einbetten. Im allgemeinen ist jedoch auch dies falsch, wie das nächste Beispiel zeigt.

b) Sei l^2 der Hilbertraum der quadratsummierbaren Folgen komplexer Zahlen. Sei $(x_n^0)_{n\in\mathbb{N}} \in l^2$ mit:

i) $x_n^0 \neq 0$ für alle $n \in \mathbb{N}$.

ii) $|x_N^0|^2 > \sum\limits_{n>N} |x_{n_0}|^2$ für alle $N \in \mathbb{N}$.

(Es gibt solche Folgen!) Durch

$$f: l^2 \to l^2$$
$$(x_n)_{n\in\mathbb{N}} \mapsto (x_n^2 - x_n^0 \cdot x_n)_{n\in\mathbb{N}}$$

wird, wie man sich leicht überlegt, eine analytische Abbildung definiert (f ist wohldefiniert!). Sei

$$(X, \mathcal{O}_X) := f^{-1}(0) .$$

Für die zugrundeliegende Menge X gilt

$$X = \{(x_n) \in l^2 \mid x_n = 0 \text{ oder } x_n = x_n^0$$
$$\text{für alle } n \in \mathbb{N}\}.$$

Sei $C \subset [0,1]$ die Cantorsche Menge, d.h. $C = \{a \in [0,1] \mid a = \sum\limits_{i=1}^{\infty} a_i \cdot 3^{-i}$, $a_i = 0$ oder $a_i = 2$, für alle $i \in \mathbb{N}\}$. Für

$x = (x_n)_{n\in\mathbb{N}} \in X$ sei $b_i(x) := 0$, falls $x_{i-1} = 0$ und $b_i(x) := 2$, falls $x_{i-1} = x^o_{i-1}$ ist. Durch

$$X \to \mathbb{C}$$
$$x \mapsto \sum_{i=1}^{\infty} b_i(x) \cdot 3^{-i}$$

wird, wie man mit Hilfe von ii) leicht sieht, ein Homöomorphismus definiert. Da $Df(0)$ injektiv ist, besteht T_0X nur aus einem Punkt. Also läßt sich der Keim von X in 0 nicht in seinen Tangentialraum T_0X einbetten. Man vergleiche zu diesem Beispiel [66], Kapitel II, §1.3.

<u>(8.21) Satz (Einbettungssatz).</u> Sei $(X,\mathcal{O}_X) = \mu(U,F,f)$ ein Modell, $x_o \in X$. Ist $Df(x_o)$ direkt, so läßt sich der Raumkeim (X,x_o) in seinen Tangentialraum einbetten.

<u>Beweis.</u> Sei $p: F \to \operatorname{Im} Df(x_o)$ eine stetige Projektion und

$$M := (pf)^{-1}(0) \;.$$

Dies ist (nahe x_o) eine direkte Untermannigfaltigkeit von U mit $T_{x_o}X = T_{x_o}M$. Mit (8.6) 2) folgt, daß (X,x_o) Unterkeim von (M,x_o) ist und daraus die Behauptung.

<u>(8.22) Satz (Immersionssatz).</u> Seien $X = (X,x_o)$ und $Y = (Y,y_o)$ banachanalytische Raumkeime, gegeben durch Modelle $\mu(U,F,f)$ bzw. $\mu(V,G,g)$. Dabei sei $Df(x_o)$ direkt.

<u>Behauptung.</u> Ist $h: (X,x_o) \to (Y,y_o)$ ein Morphismus , dessen

Tangentialabbildung ein direkter Monomorphismus ist, so ist h eine Immersion, d.h. (X,x_o) ist vermöge h isomorph zu einem Unterkeim von (Y,y_o) .

Beweis. Wegen (8.21) kann man annehmen, daß $U \subset T_{x_o}X$ offen ist. Sei $\bar{h}: (U,x_o) \to (V,y_o)$ ein Repräsentant von h . Da $T_{x_o}h$ ein direkter Monomorphismus ist, ist $N:= (N,y_o):= (\bar{h}(U),y_o)$ der Keim einer direkten Untermannigfaltigkeit von V und $\bar{h}: (U,x_o) \to (N,y_o)$ ein Isomorphismus. Sei k die Umkehrabbildung davon und

$$Z:= (Z,y_o):= ((f \circ k)^{-1}(0) \ , \ y_o) \ .$$

Da $\bar{h}$ einen Morphismus $X \to (g|N)^{-1}(0)$ induziert, folgt mit (8.10) die Existenz eines $\lambda \in \mathcal{H}_{U,x_o}(L(F,G))$ so daß das "Diagramm"

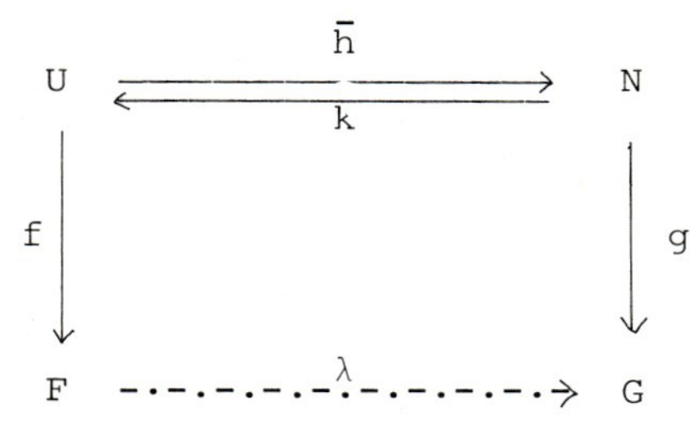

kommutiert. Mit (8.6) 2) folgt, daß Z ein Unterkeim von $(g|N)^{-1}(\mathcal{O})$ und damit auch von Y ist. Daraus folgt die Behauptung.

(8.23) Definition. Ein banachanalytischer Raum $(X,\mathcal{O}_X)$ heißt endlichdimensional in einem Punkt $x_o \in X$, falls er ein Modell $\mu(U,F,f)$ um x_o besitzt, in dem U eine offene Teilmenge eines $\mathbb{C}^n$ ist.

(8.24) Satz. Sei $\mu(U,F,f)$ ein Modell mit $U \subset \mathbb{C}^l$. Dann gibt es zu jedem Punkt $x \in U$ eine Umgebung V und ein $\nu \in L(F,\mathbb{C}^p)$, so daß

$$\mu(V,F,f) = \mu(V,\mathbb{C}^p,\nu \circ f)$$

ist.

(Daraus folgt, daß die endlichdimensionalen banachanalytischen Räume gerade die komplexen Räume sind.)

Beweis. Siehe [18], §7, Prop. 7 oder [73], (9.7).

Zusammen mit (8.21) folgt daraus sofort:

(8.25) Satz (Endlichkeitssatz erster Art).
Sei $(X,\mathcal{O}_X) = \mu(U,F,f)$ ein Modell und $x_o \in X$. Falls $Df(x_o)$ direkt und $\dim_{\mathbb{C}} T_{x_o} X < \infty$ ist, ist $(X,\mathcal{O}_X)$ endlichdimensional in x_o.

(8.26) Definition. Ein Morphismus $h: (X,\mathcal{O}_X) \to (Y,\mathcal{O}_Y)$ banachanalytischer Räume heißt kompakt in $x_o \in X$, falls gilt:
Es gibt offene Umgebungen $X' \subset X$ von x_o und $Y' \subset Y$ von $y_o := h(x_o)$, Isomorphismen $\varphi: (X',\mathcal{O}_X|X') \to \mu(U,F,f)$, $\psi: (Y',\mathcal{O}_Y|Y') \to \mu(V,G,g)$ auf Modelle und ein $\bar{h} \in H(U,V)$, so daß das Diagramm

$$\begin{array}{ccc} X' & \xrightarrow{h} & Y' \\ \varphi\downarrow & & \downarrow\psi \\ U & \xrightarrow{\bar{h}} & V \end{array}$$

kommutiert und $D\bar{h}(\varphi(x_o))$ ein kompakter Operator ist. (Diese Definition ist offenbar unabhängig von den Karten).

<u>(8.27) Satz (Endlichkeitssatz zweiter Art).</u>
Sei $(X,\mathcal{O}_X)$ ein banachanalytischer Raum, $x_o \in X$ und id_X kompakt in x_o. Dann ist X endlichdimensional in x_o.

<u>Beweis.</u> Man kann annehmen, daß $(X,\mathcal{O}_X) = \mu(U,F,f)$ ein Modell ist. Sei E der Banachraum in dem U enthalten ist und $h \in \mathcal{H}_{U,x_o}(E)$ mit den Eigenschaften

i) h induziert den Keim $(id_X)_{x_o}$.

ii) $Dh(x_o)$ ist ein kompakter Operator.

Sei $g := (id_U)_{x_o} - h$. Da $Dh(x_o)$ kompakt ist, ist $Dg(x_o)$ ein Fredholm-Operator (vgl. S. Lang: Real Analysis. Addison Wesley, IX, §2). Insbesondere ist also $Dg(x_o)$ direkt und $\operatorname{Ker} Dg(x_o)$ endlichdimensional.

Daraus folgt mit (8.25), daß $g^{-1}(0)$ endlichdimensional in x_o ist. Mit (8.10) und (8.6), 2) ergibt sich, daß (X,x_o) Unterkeim von $(g^{-1}(0),x_o)$ ist und damit die Behauptung.

Literaturverzeichnis

[1] Atiyah, M.F.: Geometry of Yang-Mills fields. Lezioni Fermiane, Scuola Norm. Sup. Pisa (1979).

[2] Bingener, J.: Offenheit der Versalität in der analytischen Geometrie. Math. Z. 173, 241-281 (1980).

[3] Bingener, J., Kosarew, S.: Lokale Modulräume in der analytischen Geometrie. Erscheint demnächst bei Vieweg.

[4] Bott, R.: Homogenous vector bundles. Ann. Math. 66 (1957), 203-248.

[5] Bourbaki, N.: General Topology, Hermann, Paris 1966.

[6] Bourbaki, N.: Variétés différentielles et analytiques. Hermann, Paris.

[7] Burns, D.: Some background and examples in deformation theory. Complex manifold techniques in theoretical physics, 135-153. Research Notes in Math. 32, Pitman, San Francisco (1979).

[8] Cartan, H.: These de Douady. Séminaire Bourbaki, 18e année, 1965/66, n° 296.

[9] Cartan, H.: Some applications of the new theory of banachanalytic spaces. Journal of the London Math. Society 41, 70-78 (1966).

[10] Commichau, M.: Deformationen kompakter komplexer Mannigfaltigkeiten. Math. Ann. 213, 43-96 (1975).

[11] Donin, I.F.: Triviality conditions on deformations of holomorphic fiber bundles over a compact complex space. Math. Sb. 77 (119), 561-578 (1968) No. 4.

[12] Donin, I.F.: Conditions for triviality of deformations of complex structures. Math. Sb. Tom 81 (123), 557-567 (1970) No. 4.

[13] Donin, I.F.: On banach analytic spaces and on the space of modules of holomorphic fiberings. Soviet Math. Dokl. Vol 11 (1970), No. 6.

[14] Donin, I.F.: Complete families of deformations of germs of complex spaces. Math. Sb. Tom 89 (131) (1972), No. 3.

[15] Donin, I.F.: Construction of a versal family of deformations for holomorphic bundles over a compact complex space. Math. Sb. Tom 94 (136) (1974), No. 3.

[16] Douady, A.: Le problème des modules pur les variétés analytiques complexes. Séminaire Bourbaki 17e année, 1964/65, n° 277.

[17] Douady, A.: Les problèmes des modules en géométrie analytiques complex. Proc. Int. Congr. Moscow (1966).

[18] Douady, A.: Le problème des modules pour les sous-espaces analytiques compacts d'un espace analytique donné. Ann. Inst. Fourier, Grenoble 16,1 (1966) 1-95.

[19] Douady, A.: Flatness and privilege. Enseignment math. 14 (1968) 47-74.

[20] Douady, A.: A remark on banach analytic spaces. Symp. on Infinite-Dimensional Topology, p.p. 41-42. Ann. of Math. Studies No. 69, Princeton Univ. Press, Princeton, N.J. (1972)

[21] Douady, A.: Le problème des modules locaux pour les espaces ℂ-analytiques compacts. Ann. scient. Ec. Norm. Sup., 4e serie, t. 7, 1974, p. 569 à 602.

[22] Earle, C.J., Eells, J.: Deformations of Riemann surfaces. Modern Analysis and Applications I. Lecture Notes 103, Berlin-Heidelberg-New York: Springer (1969).

[23] Fischer, G.: Complex analytic Geometry. Lecture Notes in Mathematics 538. Berlin-Heidelberg-New York: Springer 1976.

[24] Fischer, W.: Zur Deformationstheorie komplex-analytischer Faserbündel. Schriftenreihe des Math. Institutes der Universität Münster, Heft 30 (1964).

[25] Forster, O.: Power series methods in deformation theory. Proceedings of Symposia in Pure Mathematics, vol. 30, Part 2, pp. 199-217, AMS 1977.

[26] Forster, O., Knorr, K.: Ein neuer Beweis des Satzes von Kodaira-Nirenberg-Spencer. Math. Z. 139, 257-291, (1974).

[27] Forster, O., Knorr, K.: Über die Deformationen von Vektorraumbündeln auf kompakten komplexen Räumen. Math. Ann. 209, 291-346 (1974).

[28] Forster, O., Knorr, K.: Konstruktion verseller Familien kompakter komplexer Räume. Lecture Notes in Mathematics 705, Berlin-Heidelberg-New York: Springer 1979.

[29] Grauert, H.: Ein Theorem der analytischen Garbentheorie und die Modulräume komplexer Strukturen. Publ. IHES, 5 (1960).

[30] Grauert, H.: Der Satz von Kuranishi für kompakte komplexe Räume. Invent. math. 25, 107-142 (1974).

[31] Grauert, H., Kerner, H.: Deformationen von Singularitäten komplexer Räume. Math. Ann. 153 (1964), 236-260.

[32] Griffiths, P.A.: On the existence of a locally complete germ of deformation of certain G-structures. Math. Ann. 159, 151-171 (1965).

[33] Grothendieck, A.: Techniques de construction en géométrie analytique. Séminaire Henri Cartan, 13e année, 1960/61, n° 16.

[34] Grothendieck, A.: Techniques de construction en géométrie analytique. Séminaire Henri Cartan, 13e année, exposé 7, 17. ENS Paris, 1960/61.

[35] Grothendieck, A., Dieudonne, J.: Eléments de géométrie algébrique. Die Grundlehren der mathematischen Wissenschaften, Band 166. Springer Verlag, Berlin-Heidelberg-New York 1971.

[36] Holmann, H.: Faserbündel. Ausarbeitungen mathematischer und physikalischer Vorlesungen, Band XXVI, Münster 1961/62.

[37] Houzel, C.: Deformation des fibres principaux, d'après Pierre Deligne. Astérisque 16, 255-276 (1974).

[38] Kas, A., Schlessinger, M.: On the versal deformation of a complex space with isolated singularity. Math. Ann. 196 (1972), 23-29.

[39] Kodaira, K.: Complex Manifolds and Deformation of Complex Structures. Berlin-Heidelberg-New York: Springer 1986.

[40] Kodaira, K., Morrow, J.: Complex Manifolds. Holt, Rinehart and Winston (1971).

[41] Kodaira, K., Nirenberg, L., Spencer, D.C.: On the existence of deformations of complex analytic structures. Ann. of Math. II. Ser. 68, 450-459 (1958).

[42] Kodaira, K., Spencer, D.C.: On deformations of complex analytic structures, I-II. Annals of Math. 67 (1958), 328-466.

[43] Kodaira, K., Spencer, D.C.: A theorem of completeness for complex analytic fibre spaces. Acta math. 100, 281-294 (1958).

[44] Kodaira, K., Spencer, D.C.: On deformations of complex analytic structures, III. Annals of Math. 71 (1960), 43-76.

[45] Köthe, G.: Topological Vector Spaces I. Berlin-Heidelberg-New York: Springer 1969.

[46] Koopman, B.O., Brown, A.B.: On the covering of analytic loci by complexes. Trans. Amer. Math. Soc. 34 (1931) 231-251.

[47] Kuranishi, M.: On the locally complete families of complex analytic structures. Ann. of Math. 75, 536-577 (1962).

[48] Kuranishi, M.: Deformations of compact complex manifolds. Univ. Montreal Press (1969).

[49] Lang, S.: Differential Manifolds. Reading Mass.: Addison-Wesley 1972.

[50] Le Potier, J.: Le problème des modules locaux pour les espaces ℂ-analytiques compacts. Séminaire Bourbaki 26e année, 1973/74, n° 449.

[51] Mac Lane, S.: Kategorien. Springer Verlag, Berlin-Heidelberg-New York 1971.

[52] Maruyama, M.: Moduli of stable sheaves I,II. Math. J. Kyoto Univ. 17 (1977), 91-126, 18 (1978), 557-614.

[53] Mignot, F.: Espaces analytiques banachiques. Séminaire Choquet, 6e année, 1966/67, n° 4.

[54] Namba, M.: Deformation of Compact Complex Manifolds and Some Related Topics. Recent Progress of Algebraic Geometry in Japan. North Holland Math. Studies 73 (1983).

[55] Noether, M.: Anzahl der Moduln einer Klasse algebraischer Flächen. Sb. Kgl. Preuss. Akad. Wiss. Math.-Nat. Kl., Berlin 1888, 123-127.

[56] Okonek, Ch., Schneider, M., Spindler, H.: Vector Bundles on Complex Projective Spaces. Progress in Mathematics 3, Boston-Basel-Stuttgart: Birkhäuser 1980.

[57] Oniščik, A.L.: Deformations of fiber bundles. Soviet Math. Dokl. 6 (1965), 369-371.

[58] Palamodov, V.P.: Deformations of complex spaces. Russian Math. Surveys 31: 3 (1976), 129-197.

[59] Palamodov, V.P.: Moduli in versal deformations of complex spaces. Variétés Analytiques Compactes, 74-115. Lecture Notes in Mathematics 683. Berlin-Heidelberg-New York: Springer 1978.

[60] Peternell, Th.: A rigidity theorem for $\mathbb{P}_3(\mathbb{C})$. manuscripta math. 50, 387-428 (1985).

[61] Pourcin, G.: Théorème de Douady au-dessus de S. Annali della Scuola normale superiore di Pisa, t. 23, 1969 p. 451-459.

[62] Pourcin, G.: Polycylindres privilégiés. Asterisque 16, 145-160 (1974).

[63] Pourcin, G.: Déformation de singularités isolées. Asterisque 16, 161-173 (1974).

[64] Pourcin, G.: Sous espaces privilégiés d'un polycylindre. Ann. Inst. Fourier, Grenoble 25, 1 (1975), 151-193.

[65] Preuß, G.: Grundbegriffe der Kategorientheorie. B.I. Hochschultaschenbücher Band 739 (1975).

[66] Ramis, J.:.: Sous-ensembles analytiques d'une variété banachique complexe. Berlin-Heidelberg-New York: Springer 1970.

[67] Riemann, B.: Theorie der abelschen Funktionen. J. Reine Angew. Math. 54, 115-155 (1857).

[68] Schubert, H.: Topologie, B.G. Teubner, Stuttgart 1975.

[69] Schuster, H.W.: Zur Theorie der Deformationen kompakter komplexer Räume. Invent. Math. 9, 284-294 (1970).

[70] Siu, Y.T.: Characterization of privileged polydomains. Trans. Amer. Math. Soc. 193, 329-357 (1974).

[71] Siu, Y.T., Trautmann, G.: Deformations of coherent analytic sheaves with compact supports. Memoirs of the Americam Mathematical Society Number 238, (1981).

[72] Steenrod, N.: The topology of fibre bundles. Princeton University Press (1951).

[73] Stieber, H.: Deformationen von komplexen Raumkeimen (nach I.F. Donin). Diplomarbeit, Regensburg 1978.

[74] Sundararaman, D.: Deformation and classification of compact complex manifolds. Complex Analysis and its Applications, Vol III, IAEA (1977), 133-180.

[75] Sundararaman, D.: On the Kuranishi space of a holomorphic principal bundle over a compact complex manifold. Studies in Analysis, Adv. Math. (Supplementary), Academic Press, New York (1979), 233-239.

[76] Sundararaman, D.: Moduli deformations and classifications of compact complex manifolds. Research Notes in Mathematics 45. Boston-London-Melbourne: Pitman 1980.

[77] Suwa, T.: Stratification of local moduli spaces of Hirzebruch manifolds. Rice Univ. Studies. Complex Analysis II, 1972, 129-146.

[78] Wavrik, J.J.: Obstruction to the existence of a space of moduli. Global Analysis, Princeton Univ. Press (1969).

[79] Wehler, J.: Versal deformation of Hopf surfaces. J. reine angew. Math. 328 (1981), 22-32.

[80] Yau, S.T.: Calabi's conjecture and some new results in algebraic geometry. Proc. Nat. Acad. Sci. USA, 74 (1977), 1798-1799.

Symbolverzeichnis

Weitere Bezeichnungen

Sachverzeichnis

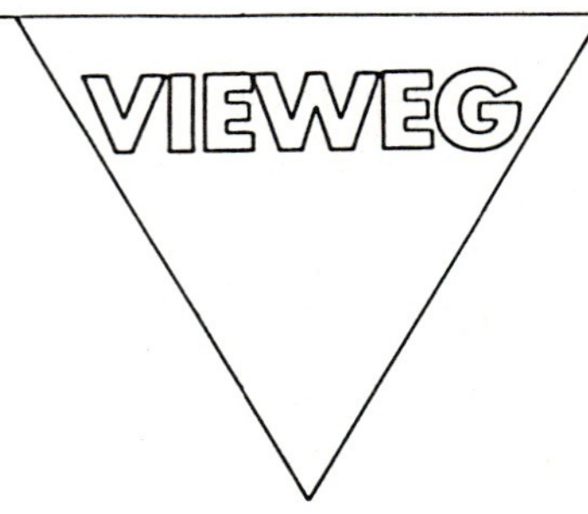

Jürgen Bingener

Lokale Modulräume in der analytischen Geometrie

Unter Mitwirkung von Sigmund Kosarew.

Band 1: 1987. XIII, 369 S. 16,2 x 22,9 cm. (Aspekte der Mathematik, Bd. D 2; hrsg. von Klas Diederich.) Kart.

Dies ist der erste Teil einer zweibändigen Monographie über lokale Modulräume in der analytischen Geometrie, einem der faszinierendsten Gebiete in der modernen komplexen Analysis. Das Hauptresultat der Monographie ist ein allgemeiner Existenzsatz für semiuniverselle Deformationen, aus dem die meisten bisher bekannten Existenzsätze der analytischen Deformationstheorie in einfacher Weise abgeleitet werden. Eine wichtige neue Anwendung ist die Lösung des lokalen Modulproblems für 1-konvexe komplexe Räume.
In dem ersten Teil, der die Kapitel I und II enthält, werden die homologischen und analytischen Hilfsmittel bereitgestellt, die zum Beweis des Hauptsatzes benötigt werden.

Band 2: 1987. XIX, 340 S. 16,2 x 22,9 cm. (Aspekte der Mathematik, Bd. D 3; hrsg. von Klas Diederich.) Kart.

Dieses Buch ist der zweite Teil einer zweibändigen Monographie über die Konstruktion von lokalen Modulräumen in der analytischen Geometrie, der die Kapitel III – VI enthält. Das Hauptresultat ist ein allgemeiner Existenzsatz für semiuniverselle Deformationen holomorpher Abbildungen, der unter anderem die meisten bisher bekannten Existenzsätze der analytischen Deformationstheorie zu einer Aussage zusammenfaßt. Zum Beweis des Hauptsatzes in Kapitel V werden in den Kapiteln III und IV zwei weitere wichtige Hilfsmittel bereitgestellt, nämlich ein Satz über die Homotopieinvarianz des (Ko)tangentenkomplexes und vor allem ein Spaltungssatz für den Tangentenkomplex.